essentials

Essentials liefern aktuelles Wissen in konzentrierter Form. Die Essenz dessen, worauf es als „State-of-the-Art" in der gegenwärtigen Fachdiskussion oder in der Praxis ankommt. Essentials informieren schnell, unkompliziert und verständlich.

- als Einführung in ein aktuelles Thema aus Ihrem Fachgebiet
- als Einstieg in ein für Sie noch unbekanntes Themenfeld
- als Einblick, um zum Thema mitreden zu können.

Die Bücher in elektronischer und gedruckter Form bringen das Expertenwissen von Springer-Fachautoren kompakt zur Darstellung. Sie sind besonders für die Nutzung als eBook auf Tablet-PCs, eBook-Readern und Smartphones geeignet.

Essentials: Wissensbausteine aus Wirtschaft und Gesellschaft, Medizin, Psychologie und Gesundheitsberufen, Technik und Naturwissenschaften. Von renommierten Autoren der Verlagsmarken Springer Gabler, Springer VS, Springer Medizin, Springer Spektrum, Springer Vieweg und Springer Psychologie.

Jürgen Beetz

Algebra für Höhlenmenschen und andere Anfänger

Eine Einführung in die Grundlagen der Mathematik

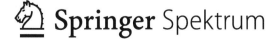

Jürgen Beetz
Berlin
Deutschland

ISSN 2197-6708   ISSN 2197-6716 (electronic)
ISBN 978-3-658-05573-8   ISBN 978-3-658-05574-5 (eBook)
DOI 10.1007/978-3-658-05574-5

Die Deutsche Nationalbibliothek verzeichnet diese Publikation in der Deutschen Nationalbibliografie; detaillierte bibliografische Daten sind im Internet über http://dnb.d-nb.de
abrufbar.

Springer Spektrum

Grafiken: Dr. Martin Lay, Breisach a. Rh.

Springer Spektrum ist eine Marke von Springer DE. Springer DE ist Teil der Fachverlagsgruppe
Springer Science+Business Media
www.springer-spektrum.de

Was Sie in diesem Essential finden können

- Die Grundlagen von Zahlen und Mengen, von Rechenoperationen und Symbolen
- Die „Exponentendarstellung" für Wurzeln und große Zahlen sowie ihre Umkehrung, die Logarithmen
- Zins- und Prozentrechnung
- Gleichungen und ihre Manipulation
- Die „Extreme" der Mathematik: die Null und das Unendliche

Vorwort

Inhalt dieses „*essentials*" ist das erste der insgesamt 13 Kapitel meines Buches „1 + 1 = 10. Mathematik für Höhlenmenschen" (Beetz 2012).[1] Das Kapitel hat den Originaltitel „Wie Eddi Einstein das Rechnen lernte" – etwas zu kurz gegriffen für den Inhalt, der nicht nur die Arithmetik, sondern auch die elementare Algebra enthält. Weitere Kapitel des Buches beschäftigen sich mit Funktionen, Grafiken, Folgen und Reihen, Differential- und Integralrechnung, Statistik und Wahrscheinlichkeitsrechnung und Philosophie der Mathematik – mehr oder weniger Abitursstoff und zusammen „das, was man über Mathematik wissen sollte" (zuzüglich vieler amüsanter Geschichten und sogar eines Ausblicks aus der Steinzeit in die moderne Informatik).

Mehr als die einfache Logik eines Frühmenschen brauchen Sie nicht, um die Grundzüge der Algebra zu verstehen. Denn Sie treffen in diesem Werk viele einfache, fast gefühlsmäßig zu erfassende mathematische Prinzipien des täglichen Lebens. Wir sind zwar „im Grund noch immer die alten Affen", wie es ein Dichter formulierte, aber unser Gehirn ist schon das eines *homo sapiens*.[2] Die Mathematik ist ja eine Wissenschaft des Geistes, nicht der Experimente und nicht der Technik. Man braucht nur ein Gehirn dazu, genauer: rationales Denken.

Deswegen kann ich bei dem Versuch, Mathematik „begreiflich" zu machen, in die Steinzeit zurückgehen – genauer gesagt: etwa in die Jungsteinzeit, zufällig 7986 v. Chr., also vor genau 10.000 Jahren. Jäger und Sammler waren zu Bauern und Viehzüchtern geworden. Dorfgemeinschaften, Rundhäuser und eine arbeitsteilige Gesellschaft existierten bereits. Dort treffen Sie Eddi Einstein (wie konnte ein Top-

---

[1] Hierbei wurden die Unterkapitel des Originals zu Kapiteln hier und die Zwischenüberschriften zu Unterkapiteln.

[2] Gedicht von Erich Kästner (1899–1974): Die Entwicklung der Menschheit. Quelle: http://www.gedichte.vu/?die_entwicklung_der_menschheit.html.

Mathematiker in der Jung*stein*zeit auch anders heißen!?), den Denker und Rudi Radlos, den Erfinder (die paradoxe Bedeutung dieses Namens rührt daher, dass er gerade das Rad *nicht* erfunden hatte). Die „drei" galt damals bereits als eine magische Zahl – aber ich greife vor: Die „Zahl" als abstraktes Gebilde war auch noch nicht erfunden. Etwas Magisches also. Wie dem auch sei, ein *dritter* Geselle gehörte zu der Truppe: Siegfried „Siggi" Spökenkieker, der Druide und Seher.[3]

Siggis Rolle ist eine bedeutende: Man glaubte damals noch an Determinismus und Vorbestimmung – da traf es sich gut, dass der Seher mit der Gabe der Präkognition gesegnet war.[4] So können wir Eddi, den Denker, mit Erkenntnissen ausstatten, die erst Jahrtausende später von bedeutenden Philosophen und Mathematikern erlangt worden waren.

Die wahre Meisterin dieser Wissenschaftsdisziplin ist jedoch Wilhelmine Wicca, meist „Willa" genannt. Sie ist die erste Mathematikerin der Geschichte und würde es auch lange bleiben.[5] Zu Unrecht, wie man weiß, benutzt eine Frau doch nicht nur eine, sondern *beide* Gehirnhälften. Und da durch diese Verbindung nach den Regeln der Systemtheorie ein neues Gesamtsystem entsteht („Das Ganze ist mehr als die Summe seiner Teile"), ist es nicht verwunderlich, dass Willa so klug war wie

---

[3] Als Spökenkieker werden im westfälischen und im niederdeutschen Sprachraum, speziell im Emsland, Münsterland und in Dithmarschen, Menschen mit „zweitem Gesicht" bezeichnet. Der Begriff Spökenkieker kann dabei in etwa mit „Spuk-Gucker" oder „Geister-Seher" übersetzt werden. Spökenkiekern wird die Fähigkeit nachgesagt, in die Zukunft blicken zu können. Quelle: http://de.wikipedia.org/wiki/Spökenkieker.

[4] Determinismus (lat. *determinare* „abgrenzen", „bestimmen") bezeichnet die Auffassung, dass zukünftige Ereignisse durch Vorbedingungen eindeutig festgelegt sind. Quelle: http://de.wikipedia.org/wiki/Determinismus. Präkognition (lateinisch: vor der Erkenntnis) ist die Bezeichnung für die angebliche Vorhersage eines Ereignisses oder Sachverhaltes aus der Zukunft, ohne dass hierfür rationales Wissen zum Zeitpunkt der Voraussicht zur Verfügung gestanden hätte. Quelle: http://de.wikipedia.org/wiki/Präkognition.

[5] Als erste Mathematikerin überhaupt gilt Hypatia von Alexandria (ca. 355–415), die ein grausiges Ende fand (Quelle: http://de.wikipedia.org/wiki/Hypatia). Die erste Mathematik*professorin*, die russische Mathematikerin Sofja Kowalewskaja (1850–1891), betrat erst 1889 in Stockholm die akademische Bühne. Quelle: http://de.wikipedia.org/wiki/Sofja_Kowalewskaja.

die drei Kerle *zusammen*. Deshalb galt sie auch als Hexe[6] – was damals ein Ehrentitel war – und als weise Frau.

Wir werden die Gedankengänge und Erfahrungen unserer Vorfahren hier verfolgen und nachvollziehen. Ich werde schwierige Gedanken nicht nur in einfache Worte kleiden, sondern sie in kleine verdaubare Häppchen zerlegen. Ein kompliziertes Problem bleibt nämlich kompliziert, auch wenn man es einfach nur umgangssprachlich ausdrückt. Erst die Verringerung des Schwierigkeitsgrades durch Zerlegung in einzelne Teilprobleme schafft Klarheit – ein Vorgehen, das seit jeher zum Prinzip der Naturwissenschaft gehört.

Mathematik ist eine exakte Wissenschaft – mit kleinen „Löchern", die wir noch thematisieren werden. Sie zeichnet sich auch durch eine präzise Schreibweise aus und verschiedene typographische Regeln, die beachtet werden sollten. Aber an diesem Konjunktiv merken Sie schon: *so* ernst wollen wir das hier nicht nehmen. So werden hier manchmal mathematische Größen (wie es in Fachbüchern üblich ist) klein oder groß oder kursiv oder steil geschrieben, manchmal aber auch nicht. Da Sie ja mitdenken, wird Sie das nicht verwirren. Und die kursive Schreibweise verwenden wir auch (wie Sie zwei Sätze weiter oben sehen), um etwas zu betonen und hervorzuheben.

Mathematik ist nicht die merkwürdige Spielwiese lebensfremder Streber mit ungepflegtem Äußeren, sondern sie durchzieht unseren Alltag und ist mit den zentralen Fragen unseres Lebens verbunden: Was hängt wie zusammen? Welche Gesetze bestimmen das Dasein des Menschen und der Natur? Welche Strukturen gibt es und wie kann der menschliche Geist sie in Erkenntnisse umformen? Wie ziehen wir aus unseren Wahrnehmungen angemessene und logische Schlüsse? Von Anfang an war Mathematik deshalb mit der Philosophie verbunden. Deswegen schrieb schon der große Philosoph Platon um 370 v. Chr.: „Und nun, sprach ich, begreife ich auch, nachdem die Kenntnis des Rechnens so beschrieben ist, wie herrlich sie ist und uns vielfältig nützlich zu dem, was wir wollen, wenn einer sie des Wissens wegen betreibt und nicht etwa des Handelns wegen".[7] Allerdings kann ich

---

[6] „Wicca" ist eine neureligiöse Bewegung und versteht sich als eine wiederbelebte Natur- und als Mysterienreligion. Wicca hat seinen Ursprung in der ersten Hälfte des 20. Jahrhunderts und ist eine Glaubensrichtung des Neuheidentums. Die meisten der unterschiedlichen Wicca-Richtungen sind […] anti-patriarchalisch. Wicca versteht sich auch als die „Religion der Hexen", die meisten Anhänger bezeichnen sich selbst als Hexen. Quelle: http://de.wikipedia.org/wiki/Wicca.

[7] Platons Höhlengleichnis. Das Siebte Buch der Politeia, Abschn. 107. c) Nutzen der Rechenkunst zur Bildung der philosophischen Seele.

dem nicht ganz zustimmen – am Ende fehlt ein „nur": „... *nur* des Handelns wegen". Denn Sie werden sehen, wie viele mathematische Erkenntnisse auch im Alltag praktische Auswirkungen haben.

Naturwissenschaftliche Kenntnisse gehören nicht zur Bildung, das meinen viele. Nein, finde ich, sie sind immens wichtig zum Verständnis der Kultur – die Wendung vom erdzentrierten Weltbild des Mittelalters (und der Kirche) zur modernen kopernikanischen Erkenntnis der Neuzeit, wonach die Sonne im Mittelpunkt unseres Planetensystems steht, hat unser gesamtes Denken und unsere Kultur beeinflusst. Naturwissenschaft und Mathematik prägen unser gesamtes Weltbild, zum Leidwesen vieler Dogmatiker, die im Mittelalter stehen geblieben sind. Aber ich möchte nicht polemisieren, ich möchte *begreiflich* machen. Denn besonders die Mathematik fristet im Bewusstsein der Menschen ein Schattendasein und beeinflusst doch direkt oder indirekt einen großen Teil unseres modernen Lebens – nicht zuletzt durch ihre „Mechanisierung", den Computer. Was nicht ganz stimmt, zugegeben – denn er kann „nur rechnen" Mathematik aber ist kristallines Denken, Scharfsinn in Reinkultur.

Wir wollen gemeinsam versuchen, diesen inneren Widerspruch aufzulösen: In einer von Wissenschaft und Technik geprägten Welt weigern sich viele Menschen, ihre mathematischen Grundlagen zur Kenntnis zu nehmen. Denn mit Zahlen, Formeln, Figuren und Kurven kann man seltsamerweise auch in der „Wissensgesellschaft" unserer Zeit nicht nur Kindern einen Schrecken einjagen. Aber die Naturwissenschaften haben unser Dasein erobert und gestaltet, deswegen wollen wir uns nun mit ihren geistigen Grundlagen beschäftigen.

Gehen wir nun in die Steinzeit zurück und lernen wir etwas über die Gegenwart! „Mathematik" bedeutet ja – dem altgriechischen Ursprung des Wortes folgend – die „Kunst des Lernens". Damit Sie das nicht als Mühe empfunden, habe ich es in unterhaltsame Geschichten verpackt. Also machen wir uns auf die Reise ins Neolithikum – Met, Mammut und Mathe *all-inclusive*.

Jürgen Beetz, Mai 2014 (10.000 Jahre nach diesen Geschichten)
Besuchen Sie mich auf meinem Blog http://beetzblog.blogspot.de

Inhaltsverzeichnis

Einleitung

Er näherte sich dem Dorf in demütiger Haltung und mit offen getragenen Waffen, einem kleinen Faustkeil und einem Kurzspeer. Er war allein. Der einzige Überlebende seines Stammes, den eine Horde flachschädeliger stumpfnasiger Barbaren ausgelöscht hatte. Nur mit einer List war er entkommen. *Intelligenz setzt sich durch*, dachte er mit einer gewissen Zufriedenheit, trotz seiner tiefen Trauer und nagenden Angst vor der Zukunft.

Tagelang war er marschiert. Die Sterne und der Stand der Sonne hatten ihm den Weg zu dem schwachen Rauch gewiesen, den er bei seinem Aufbruch gesehen hatte. Jetzt versperrte ihm der Wärter des Stammes den Weg und fragte ihn nach seinem Namen und Beruf. „Eddi Einstein", sagte er, „Feuermacher und Mathematiker". Letzteres war dem Wächter unbekannt, und er fragte nach. „Viehzähler", antwortete Eddi.

Das war ein Fehler, wie er sofort merkte. Nicht nur, dass er nachfolgende Generationen von Berufskollegen beleidigt hatte, er hatte auch das Wort „Mathematiker" von seinem wissenschaftlich-fremdartigen Zauber entkleidet. Panik stieg in ihm auf. Der Hunger trommelte von innen an seine Magenwände. Im Einzugsbereich dieses Stammes schien es kein Wild mehr zu geben, vermutlich hatten sie von nachhaltigem Wirtschaften noch nie etwas gehört.

„Feuermacher haben wir schon und Viehzähler brauchen wir nicht. Jeder zählt hier seine eigenen Bestände", sagte die Wache unwirsch und machte eine abweisende Handbewegung. „Ich kann auch rechnen", widersprach er verzweifelt, doch der andere verdeutlichte seine Entscheidung: „Brauchen wir auch nicht. Geh!"

„Ein Mathematiker ist ein Wahrheitssucher", sagte Eddi flehend – und das half. *Wenn wir uns einen Seher leisten können, dann können wir auch einen Sucher gebrauchen. So viel futtert er ja nicht!*, entschied der Wächter nach einem Blick auf die schmächtige Gestalt des Fremden und führte ihn fort.

Wie gut, dass uns die Evolution Vernunft, Einsicht und einen freien Willen beschert hat, dachte Eddi erleichtert und folgte dem Wächter durch Felder und Wei-

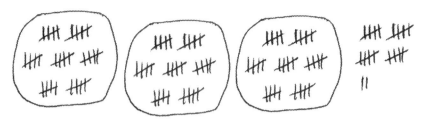

Abb. 1.1 Steinzeit-Kalender

den, vorbei an locker verstreuten Rundbauten zum Dorfplatz. Dort empfing ihn schon der Druide, denn er hatte sein Kommen vorausgesehen. Nach einem kurzen Bewerbungsgespräch und einem kleinen Integrationstest wurde er vorläufig aufgenommen. „Mach dir nichts daraus!", sagte der Druide, der Siegfried Spökenkieker genannt wurde (oder kurz „Siggi"), und deutete auf den Wärter, „Er hält sich für gebildet, ein Freund der schönen Künste, er dichtet und malt und verachtet die Wissenschaft. Wir wissen es besser …"

Dann führte er den Neuling herum und zeigte ihm vor allem die große Zentralhöhle. Was Eddi auf der Höhlenwand sah, war ein merkwürdiges Muster (Abb. 1.1).

„Seit über drei Generationen zählt ihr die Jahre?", fragte er den Druiden und erntete ein Nicken und ein anerkennendes Lächeln. „Seit drei Bündeln und vier Fünfern und zwei Jahren", bestätigte dieser. *Was für ein Aufwand!*, dachte er. „Warum sind denn gerade *sieben* Fünfer ein Bündel?", fragte er. „Heilige Zahl", murmelte Siegfried verlegen und verdrehte die Augen, „alter Aberglaube, mit Vernunft nicht zu bekämpfen." „Und warum schreibt ihr das nicht *so*?", fragte er und malte folgende Zeichen in den Sand: OOOHHHHII.

„Dann müssten wir ja radieren und IIII durch ein H ersetzen, wenn das fünfte Jahr um ist. Versuche mal, einen eingeritzten Strich wieder weg zu bekommen!"

„Wo du Recht hast, hast du Recht!", sagte Eddi und nahm sich vor, die Worte des Druiden nie mehr anzuzweifeln. „Außerdem wissen sie das noch nicht", ergänzte der Druide mit einer Kopfbewegung in Richtung der übrigen Höhlenbewohner. „Warum hast du es ihnen nicht gesagt?", fragte Eddi. „Wissen kann nicht vom Himmel regnen oder von Weisen verkündet werden, es muss sich in den Köpfen langsam aufbauen. Sonst wird es zum unumstößlichen, nicht mehr hinterfragten und möglicherweise für immer falschen Dogma. Außerdem – sie hätten mich umgebracht … Das Höhlengleichnis,[1] du weißt schon!"

---

[1] In Platons „Höhlengleichnis" werden Menschen, die die „Wahrheit erkannt" haben, verfolgt und getötet. Siehe Rudolf Rehn (Hg.): Platons Höhlengleichnis. Das Siebte Buch der Politeia. Dieterich'sche Verlagsbuchhandlung Mainz 2005. Online-Text im Projekt Gutenberg-DE: http://gutenberg.spiegel.de/buch/4885/1. Dort Abschn. 106: Das Höhlengleichnis.

Eddi wusste nicht und beschloss zu schweigen. Vielleicht war der andere deswegen Seher, weil er klug redete, aber sonst zu nichts nütze war. Ein Schmarotzer, aber er schien Respekt zu genießen. Vor allem bei den Frauen, die ihn „Priester" nannten.

Was Eddi sich mühsam erarbeiten musste, lernen Kinder heute (mehr oder weniger erfolgreich) in der Schule: die elementare Algebra. Lässt man sich von diesem Begriff nicht erschrecken, so bleibt wirklich nur Elementares übrig: Zahlen und Mengen, Rechnen, Gleichungen und ihre Manipulation, Wurzeln und Potenzen – was man halt so gebraucht, ohne es explizit benennen zu können. So wie man spricht, ohne die Regeln der Grammatik zu kennen. Sie sich hinterher aber bewusst zu machen, schafft Ordnung im Kopf – und das wollen wir ja.

Sie werden also in diesem Kapitel gewissermaßen das „Baumaterial" der Mathematik kennen lernen, die Zahlen und symbolischen Ausdrücke, mit denen sie arbeitet. Und Sie lernen die ersten einfachen Handgriffe, um mit diesem Material umzugehen.

Zahlen und Mengen 2

Zwölf Monate waren vergangen. Man schrieb das Jahr OOOHHHHIII. Eddi war in den Stamm aufgenommen worden. Dem natürlichen Trieb des Menschen (besser: des Mannes) folgend hatte er sich eine neue Frau gesucht und eine zweite noch dazu. Er hatte auch sein Wissen und damit die Überlebenschancen der Menschheit erweitert. „Fortschritt" ist das Prinzip der Evolution – nicht stehen bleiben, vorwärts schreiten! Auch einen wissbegierigen, aber mehr dem Praktischen zugetanen Freund hatte er gefunden: Rudi Radlos, der sich gerne mit Zeichnungen und den Phänomenen der Natur beschäftigte.

Natürlich konnten die Mitglieder des Stammes zählen, ohne das Konzept der „Zahl" schon richtig zu kennen. Sie wussten auch, dass Mengen an die zugehörigen Dinge gebunden waren. Zehn Ziegen waren dasselbe wie zwei Frauen. Eddis Hauptfrau fand diese Gleichsetzung ziemlich unpassend, aber Siggi Spökenkieker sagte ihm voraus, dass es viel später ein allgemein anerkanntes Buch geben würde (er musste ihm dazu erklären, was ein „Buch" ist), in dem Vieh, Sklaven und Frauen zum „Besitz" eines Mannes gehörten und somit ganz offenkundig denselben Stellenwert besitzen.[1] Zählen gehörte aber zu dieser Zeit zum Überleben, jeder konnte es: Wenn man vier Bären in einer Höhle verschwinden sieht und drei wieder herauskommen, dann sollte man bei der Wohnungsbesichtigung vorsichtig sein!

Eddi hatte inzwischen auch den Kalender und dessen merkwürdiges System – Haufen von 5 Jahren und Bündel von 7 mal 5 Jahren – umgebaut und auf die Basis 10 gestellt. Damit war Zählen nun einfach: Mit seinen zehn Fingern konnte er seine zehn Ziegen leicht erfassen. Als er fünf weitere Ziegen (im Tausch gegen seine

---

[1] Gemeint ist *das* Buch, die Bibel: Die Zehn Gebote (2. Buch Mose, Kap. 20, Verse 1 bis 17), dort Vers 17: „Begehre nicht, was deinem Mitmenschen gehört: weder sein Haus noch seine Frau, seinen Knecht oder seine Magd, Rinder oder Esel oder irgend etwas anderes, was ihm gehört." Quelle: http://gott.net/784.html.

J. Beetz, *Algebra für Höhlenmenschen und andere Anfänger*, essentials, DOI 10.1007/978-3-658-05574-5_2, © Springer Fachmedien Wiesbaden 2014

Nebenfrau²) hinzubekam, merkte er sich den Neubeginn des Zählvorganges mit den beiden Händen durch das Zeichen „X" (um die beiden Hände anzudeuten) an der Höhlenwand. Die natürlichen Zahlen eins, zwei, drei, vier, fünf usw. waren für ihn also ganz natürlich. Dieser Zuwachs an Vierbeinern auf der Weide hatte auch sein Gutes: Eine Nebenhöhle wurde frei und er hatte ein Studierzimmer, an dessen Wänden er sich Notizen machte – die den Archäologen 10.000 Jahre später zu interessanten Erkenntnissen verhelfen sollten.

Mit zehn Fingern zählen konnten inzwischen alle… na ja, *fast* alle. Einem Mitglied der Gruppe hatte ein Bär zwei Finger abgebissen. Auch er malte das Zeichen „X" an die Wand, aber bei ihm bedeutete es „acht" und nicht „zehn". Also war bei ihm „XII" zehn und nicht „zwölf" wie bei den anderen. Er nannte es „Oktalsystem" – was aber keiner verstand. *Makaber*, dachte Eddi und beschloss, darüber nachzudenken, ob es nicht andere Zahlensysteme als mit der Basis 10 geben könnte.

Da dieses ständige Zählen langsam überhand nahm und die Leute von der Arbeit abhielt, erklärte sich Eddi bereit, der Buchhalter der Gruppe zu werden. Was das war, wusste er zwar nicht – Siggi hatte dieses Wort nach einem Blick in die Zukunft vorgeschlagen –, aber seine Aufgabe war klar: alles zählen, was einem unter die Augen kam. Abrechnungen für Brot und Bier, Vieh und Getreide, sogar Hütten und Menschen. Und irgendwann fiel es ihm wie Schuppen von den Augen: Die Zähl- und Rechenvorgänge waren immer dieselben, egal ob es sich um Brotlaibe, Schweine oder Verwandte handelte. Drei war drei und drei weniger zwei war eins. Zahl war Zahl, nichts Konkretes mehr, das man anfassen konnte – ein abstraktes Gebilde, nur in seinem Kopf existent. Und sie stand als schriftliche Abbildung auf der Höhlenwand – was leider aber ziemlich doof aussah: „XXXXXXXXIIIIIII" für „siebenundachtzig" (oder „achtzigundsieben", wie man damals sagte). So konnte es nicht weitergehen – Siggi musste her. „Das gefällt mir schon gut! Du machst wirklich deutliche Fortschritte!", sagte er anerkennend, „Vere Gordon Childe wird es später die ‚Neolithische Revolution' nennen."³ Eddis verständnislosen Blick ignorierte er.

Nach einer Nacht in Trance, unterstützt durch ein neuartiges Getränk aus vergorenem Getreide, kam Siggi mit rotgeränderten Augen angeschlurft und murmel-

---

² Anmerkung für meine Leserinnen: Diese und andere politisch unkorrekte Formulierungen sind nicht diskriminierend gemeint, sondern deuten an, dass von damals bis (fast) heute der Mann die „Herrschaft" inne hatte – wie hinterfragenswert das auch immer sein mag.

³ Als Neolithische Revolution wird von einigen Wissenschaftlern das Aufkommen produzierender Wirtschaftsweisen (Ackerbau und Viehzucht) und die neu eingeführte Vorratshaltung im Neolithikum (Jungsteinzeit) bezeichnet. Mit dieser Epoche verbunden war die Aufgabe einer nomadischen Lebensweise und die Anlage fester Siedlungsplätze. Der Begriff wurde von Vere Gordon Childe geprägt. Quelle: http://de.wikipedia.org/wiki/Neolithische_Revolution.

Europäisch	1	2	3	4	5	6	7	8	9
Arabisch-indisch	١	٢	٣	٤	٥	٦	٧	٨	٩

Abb. 2.1 Europäische und arabisch-indische Ziffern

te mit letzter Kraft: „Indisch-arabische oder europäische Ziffern, also eine Zahlschrift auf der Grundlage eines Dezimalsystems." Er schaffte es gerade noch, sie in den Sand zu zeichnen (Abb. 2.1), dann musste er eine längere Pause einlegen.

Eddi entschied sich spontan für die europäische Schreibweise und sah sofort den Vorteil der neun verschiedenen Zahlzeichen: Mit diesen Symbolen konnte man die Aufzeichnungen drastisch verkürzen („achtzigundsieben" wurde zu „87", denn die zweite Stelle von rechts hatte ein Gewicht von zehn Zähleinheiten). Man konnte beliebig große Zahlen schreiben: 1317 Ziegen – wenn denn ein Mensch eine solche Menge Tiere besessen hätte. Und weil er gerade dabei war – Siggi hatte sich ein wenig gefangen und half ihm auf die Sprünge (er hatte das bei der Schrift der Sumerer in der so genannten Uruk-III-Schicht „gesehen" und somit ins 4. Jahrtausend vor einem gewissen „Christus" datiert) –, erfand er gleich noch die Buchstabenschrift und ein paar weitere Zeichen dazu. Damit hatte er das Problem, konkrete Dinge durch abstrakte Zeichen zu ersetzen, sozusagen „von A bis Z" erledigt.

Das kam seiner Buchhaltung zugute. Auch Rechenregeln und Gleichsetzungen konnte er nun einfach und kompakt notieren: „Zehn Ziegen sind dasselbe wie zwei Frauen" wurde notiert als „10 Z = 2 F". Dazu hatte er ein „Gleichheitszeichen" erfunden, um nicht immer mühsam die Wörter „ist gleich" schreiben zu müssen. Ursprünglich sah es so aus: ══════ – zwei lange Striche für ein Symbol, weil keine zwei Dinge gleicher sein können als zwei parallele Linien. Dass er so etwas formulieren konnte, machte ihn ganz stolz. Nach einem Hinweis von Siggi beschloss er, sich nun nicht mehr mit dem Titel „Buchhalter" zufrieden zu geben – „Mathematiker" hörte sich doch viel besser an. Das war ja genau der Beruf, mit dem er anfänglich den Wärter erschreckt hatte. Und schon hatte er das mit seinen neuartigen Buchstaben auf seinem Visitenstein eingeritzt: „Eddi Einstein – Mathematiker".

Eddi hatte bisher einen Knochen mit Kerben zum Rechnen und für Notizen benutzt – bis Siggi ihn darauf hinwies, dass es unklug sei, zu viele Datenspuren zu hinterlassen. Ein Archäologe namens Jean de Heinzelin de Braucourt würde ihn Jahrtausende später finden und völlig falsche Schlüsse daraus ziehen.[4] Wenn das

---

[4] Gemeint ist der „Ishango-Knochen" (siehe http://de.wikipedia.org/wiki/Ishango-Knochen#Deutungen): Die Anfänge des eigentlichen Zählens und Rechnens – losgelöst von der reinen Notation konkreter Objekte – sind nach allgemeiner Ansicht ab der Zeit der Sesshaftwerdung im Zuge der neolithischen Revolution zu finden. Frühere mit Ornamenten oder Einkerbungen versehene Artefakte werden als Zeugnisse einer Vorstufe des Zählens betrach-

Abb. 2.2 Der Zahlenstrahl
zeigt alle natürlichen Zahlen

Internet erfunden und verbreitet wäre, verbiete sich ein so freizügiger Umgang mit Informationen sowieso von selbst. Dieses Problem, ein Knochen mit Kerben, erledigte sich nun durch seine neuen Zahlzeichen – wenn auch Höhlenwände schwerer zu transportieren waren. Aber wer Zweifel an seiner Buchhaltung hatte, musste sich eben zu *ihm* bemühen. So etwas festigt Herrschaftswissen! Dass der Dorfschreiber ihm inzwischen eine Kuhhaut für seine Journale überlassen hatte, brauchte er ihnen ja nicht zu verraten.

2.1 Digitale und analoge Zahlendarstellung

Natürlich war ihm auch unbewusst schon klar, was der Unterschied zwischen „digitalen" und „analogen"[5] Zahlen war – ohne diese Begriffe zu kennen. Ein „digitaler" Fuß war sozusagen entweder da oder nicht da, so wie eine Ziege. Entweder sie war da oder sie war weg. Eine ganze Zahl: eins. Einen „analogen" Fuß einer Leine aus geflochtenem Gras – genau so lang wie das Eichmaß des eigenen Fußes – konnte man zu seinem Vorteil mit der Steinaxt um ein paar Zentifuß verkürzen (wenn es auch nicht als ehrenhaft galt). Eine ganze Zahl, aber nur fast – vielleicht ein Stückchen weniger oder mehr als eins.

Im Prinzip waren die beiden Zahlen aber gleichwertig – deshalb kam ihm der Gedanke, die natürlichen Zahlen auf einem „Zahlenstrahl" aufzuzeichnen. Er würde ziemlich lang werden – zwar begann er mit 1, aber er schien nie zu enden. Immer konnte er ihn sich noch um 1 länger vorstellen… (Abb. 2.2).

Würde er jemals enden? Er beschloss, Siggi danach zu befragen – irgendein Schlaukopf in der Zukunft würde das Problem ja wohl gelöst haben! Er war schon zufrieden, die Natur der Zahlen erfasst zu haben: abstrakte, nicht notwendigerweise an konkrete Dinge gebundene Mengen. Sogar Ziegen und Schafe und Hühner konnte er zusammenzählen: $10\,Z + 3\,S + 11\,H = 24\,V$ – mit einem neuen abstrakten Begriff: „Vieh". Vierundzwanzig Stück Vieh, eine klare Aussage.

---

tet, da das Vorhandensein eines abstrakten Zahlbegriffes vor der Jungsteinzeit nicht anzunehmen ist. Die Anordnung der Kerben des Ishango-Knochens legt die Vermutung nahe, dass es sich bei dem Muster um kein rein zufälliges handelt und bietet Raum für Deutungen, die jedoch nach heutigem Forschungsstand als spekulativ gelten müssen.

[5] Vom lateinischen *digitus* (Finger) und griechischen *análogos* (entsprechend, verhältnismäßig).

Das brachte ihn auf eine weitere Idee. Die Sache mit der Tauscherei ging ihm schon lange auf die Nerven. Jemand bot zehn Ziegen an, wollte aber keine zwei Frauen, sondern 50 Hühner. 15 Hühner waren aber dasselbe wie ein Schwein, doch niemand bot Schweine gegen Ziegen. Wie sollte man da einen Preis finden?! Nein, er musste das Geld erfinden, und zwar schnellstens! Rudi schlug vor, die Gold-krümel dazu zu verwenden, die man im Flussbett gefunden hatte. Eddi war da-gegen – Gold war doch zu nichts zu gebrauchen. Aber die seltenen flachen Steine aus der gleichen Gegend, darauf konnte man den einzelnen Wert jedes Geldstücks einritzen... schließlich war man ja in der *Stein*zeit! Diesem Argument konnte Rudi nichts entgegen setzen, und so schuf Eddi etwas, was er „Stones" nannte. Mit einge-ritzten Werten von 1, 2, 5, 10, 20, 50 usw. – so konnte man jeden Wert durch mehre-re Steine zusammenstellen und brauche dennoch keine neun verschiedenen Werte pro Zehnergruppe, sondern nur drei. Da es nichts Billigeres, mit dem man Handel treiben konnte, gab als ein Huhn, wurde dessen Wert auf „1" gesetzt. Und alle Stei-ne waren gleich groß[6], denn sie hatten ja nur einen „abstrakten" oder „virtuellen" Wert und keinen konkreten wie ein Feldstein, mit dem man etwas bauen konnte.

Die Leute waren begeistert. Nicht nur konnte man frei Waren handeln, man be-kam sogar noch „Geld" zurückgegeben – eine Kuh gegen zwei Schweine und noch 5 Stones obendrauf. Denn inzwischen war die „Zivilisation" (die man damals noch nicht so nannte) so weit fortgeschritten, dass es bereits „Besitz" gab, persönliches Eigentum: mein Acker, meine Ziegen, meine Frauen. Das würde sich auch für die nächsten zehntausend Jahre nicht ändern.

Obwohl ihn Siggi mit dem (ihm gänzlich unbekannten) Wort „Kapitalist!" be-schimpfte, begann Eddi mit den Stones *selbst* Handel zu treiben. Er verlieh sie zum Beispiel, forderte dafür aber eine kleine Belohnung – schließlich trug er ja das Ri-siko, sie nie wieder zu sehen! Da „Belohnung" zu selbstsüchtig klang, nannte er es „Zinsen" – ein Wort, das den anderen allerdings unbekannt war und seinen Ruf als Fachmann daher weiter beförderte. Geld – ursprünglich gedacht zur Erleichterung des Warentausches – wurde nun selbst zur Ware. Siggi hatte dies schon kommen se-hen – für einen „Seher" kein Kunststück, da er *alles* kommen sah – und er sah auch, wie es weitergehen würde. Als er das zu Ende dachte, wiegte er bedenklich den Kopf und murmelte etwas von „ausbeuterischem Wirtschaftssystem". Man würde mit zehn Mal mehr Geld handeln als es Waren gäbe. Es würde so einfach zu erzeu-gen sein wie die Steine, die überall herumlagen. Man würde Geld aus dem Nichts erzeugen, wo vorher keines war.[7] Geld war eine Abstraktion, so wie die Objekte der

---

[6] Wie die US-amerikanischen Dollarnoten.

[7] M. Schieritz, Th. Fischermann: Die Luft soll raus. DIE ZEIT, 06.08.2009 Nr. 33 (Quelle: http://www.zeit.de/2009/33/Blasen-Kapitalismus) und besonders U. J. Heuser, M. Schieritz:

Mathematik. Alles Geld ist gleich gültig, doch Geld ist niemandem gleichgültig. „Preise" konnten nun exakt dem „Markt" von Waren und sogar Dienstleistungen angepasst werden. Angebot und Nachfrage regelten den Preis, knappe Güter wurden teurer. Schneller und vor allem unmerklicher als zu sagen: „Nee, eine Kuh kostet jetzt *drei* Schweine – ich habe doch nur noch so wenige!"

Aber auch ein angeblich rational denkender Wissenschaftler kann der Faszination des Geldes verfallen. Rudi war schnell auf die Idee gekommen, in seine kleine Kieselsteinsammlung zu „investieren", wie es Siggi nannte. Er hatte das subjektive Gefühl, dass die Preise speziell für den seltenen Feuerstein (auch Flint oder Silex genannt) trotz heftiger Schwankungen im Durchschnitt stiegen. Wenn er sie nun gegen Geldsteine kaufen würde, könnte er sie nach einiger Zeit des Wartens vielleicht teurer wieder verkaufen. *Steine gegen Steine*, dachte er, *da kann man nichts falsch machen.*[8]

Eddi blieb von solchen Gedanken unberührt. Sein Zahlenstrahl ging ihm aber nicht aus dem Sinn. Man müsste doch auch *zwischen* den natürlichen Zahlen noch etwas unterbringen können, was dann ja auch eine Art „Zahl" war... nur eben keine *ganze* Zahl. Aber ein halber Sack Getreide oder ein ganzer und ein halber Sack Getreide waren ja ganz konkrete Größen. Da ein halber Sack Getreide daraus entstand, dass man einen ganzen in zwei Teile teilte, schrieb er die entsprechende Zahl als „½" – den zugehörigen Teilungsstrich „/" hatte er sich gerade ausgedacht. Ein ganzer und ein halber Sack Getreide waren dann natürlich „1 ½" und als „Zahl" zwischen der 1 und der 2 angesiedelt. Aber zwischen welchen Zahlen lag der Wert „½" – zwischen der 1 und... ja, was denn? Da war ja nichts! Der Zahlenstrahl fing bei 1 an. Aber *warum* eigentlich?

2.2   Die Erfindung der Null

Rudi fand die Idee des Zahlenstrahls auch bestechend und konstruierte eine Vorrichtung, mit der er nicht nur sagen konnte, dass es kalt oder warm war, sondern *wie* kalt oder warm. Doch auch sie wurde nicht so recht fertig, weil er auch nicht wusste, was links – in diesem Fall *unter* – der „1" war.

„Wenn ich zwei Säcke Getreide habe und einen verkaufe, dann habe ich nur noch einen", sagte er. „Wenn ich den auch verkaufe, habe ich nix mehr. Warum ist

---

Wie Geld zu Geld wird. DIE ZEIT, 24.06.2010 Nr. 26 (Quelle: http://www.zeit.de/2010/26/Waehrung-Geld-Herstellung-Wert).

[8] Daher ist uns der Ausdruck „steinreich" seit damals erhalten geblieben.

‚nix' also *keine* Zahl?" „Na gut", entgegnete Eddi, „nehmen wir an, es gäbe sie[9]... Wie wollen wir sie dann bezeichnen?" „‚Null' würde ich sie nennen und als Zeichen ein ‚0' verwenden, das Symbol für ein Loch. Da ist ja auch nix!"

Rudi war noch nicht fertig: „Und übrigens, du Ochse, ist dir denn noch nicht aufgefallen, dass du die Null in deinem tollen Zahlensystem unbedingt brauchst!? Wenn du zu neun Säcken Getreide einen hinzustellst, bekommst du zehn... Wie willst du das denn schreiben?! Das sind ja ein Zehner und *null* Einer." „Den Fall hatte ich noch nicht." „Das gilt nicht, ein solches System muss ja lückenlos sein – und jetzt ist es das: Die Antwort ist ‚10', eine Eins gefolgt von einer Null."

Ein Punkt für ihn, dachte Eddi und fragte, um von seiner Blamage abzulenken: „Was soll denn dein Wärmemesser als Nullpunkt haben?" „Etwas Markantes, habe ich mir gedacht, zum Beispiel die Temperatur des schmelzenden Eises." „Und wenn es nun *noch* kälter wird?"

Das machte Rudi Radlos ratlos. *Unter* der Null gab es keine Zahl mehr, das war doch klar.

2.3 Mengenlehre und leere Menge

„Nun haben wir aber eine Menge Zahlen kennen gelernt", sagt Rudi und markierte der Erschöpften. „Das kannst du wörtlich nehmen", meinte Eddi, „es ist die ‚Menge der natürlichen Zahlen', eine Art Sammelbezeichnung für diese Gesamtheit. Du kannst dir das auch als Aufschrift auf einem gedachten Lederbeutel denken, in dem sie alle drin sind." „Aber es sind doch unendlich viele, wie sollen die denn alle da hinein passen?", gab Rudi zu bedenken. „In einen *gedachten* Lederbeutel passt alles hinein!", beruhigte ihn Eddi, „Und das stimmt auch noch, wenn *gar nichts* darin ist... eine ‚leere Menge' ist auch noch eine Menge – so wie die Null, mit der ja *nichts* gezählt wird, auch eine Zahl ist." „Komisch, aber logisch", kommentierte Rudi. „Aber ab wann ist ein Sandhaufen ein Sand*haufen*, also eine *Menge* Sand? Ab einer Million Körnern... sicher. Ab tausend Körnern... dann eher ein Häufchen... Ab..." „Halt!", sagte Eddi, „Ich sehe schon, wo du hin willst. Die übliche Falle: die Verwechslung von Umgangssprache und Fachsprache. In dieser ist ‚Menge' der Name der Gesamtheit, selbst wenn sie nur wenige Elemente enthält. Oder nur ein Sandkorn... oder *gar* keins. Eine ‚Sandmenge' ist also nicht ‚viel Sand', sondern nur ein zusammenfassender Begriff." „Daran muss man sich erst einmal gewöhnen", nickte Rudi.

---

[9] Der erste dokumentierte Fall von mathematischer Hypothesenbildung. Eine Hypothese ist eine Aussage, der Gültigkeit unterstellt wird, die aber nicht bewiesen oder verifiziert ist (Quelle: http://de.wikipedia.org/wiki/Hypothese).

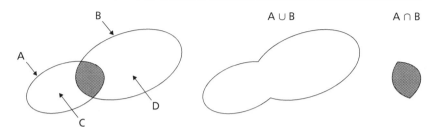

Abb. 2.3 Mengen – Vereinigungs- und Schnittmenge

Mengen sind also Sammelbezeichnungen für ihre Inhalte. Egal wie viele Elemente es sind. Sie haben Namen, die man natürlich auch abkürzen kann – und nichts tun Mathematiker lieber. Statt „Menge der natürlichen Zahlen" schreiben sie „$\mathbb{N}$" und jeder bekommt erst einmal einen Schreck. Und den Satz „Das Element x gehört zur Menge A" schreiben sie kurz und knapp als $x \in A$ – ein Zeichen, das dem griechischen ε („epsilon") ähnelt. Es steht für das lateinische Wort *ex*, also „aus" – „x aus A", könnte man sagen. Also ist $2 \in \mathbb{N}$ eine korrekte Formulierung, denn die Zwei ist ein Element der Menge der natürlichen Zahlen. Da eine Menge durch eine bestimmte Bedingung oder Eigenschaft beschrieben wird, die alle Elemente der Menge (und nur diese) erfüllen, schreibt man auch als Definition der Menge $A: = \{x \mid \text{Eigenschaften}\}$, gelesen als „A sei die Menge aller x, für die die Eigenschaft gilt". Das spezielle Gleichheitszeichen „$: = $" mit dem Doppelpunkt davor soll auf die Zuweisung oder Bestimmung hinweisen. Die Eigenschaften werden verbal beschrieben. Z. B. definiert man die Menge der geraden Zahlen G wie folgt: $G: = \{x \mid$ x ist eine gerade natürliche Zahl und größergleich 2$\}$.[10] Und man kann eine Menge über eine Liste ihrer Elemente definieren z. B. $\mathbb{N} = \{1, 2, 3, 4, ...\}$ oder $G = \{2, 4, 6, 8, ...\}$ – so lange, bis der Dümmste gemerkt hat, was das Bildungsgesetz ist. Mit natürlichen Zahlen kann man etwas abzählen, nummerieren – auch so kann man sich das Zeichen „$\mathbb{N}$" gut merken.

Mit diesen Mengen kann man genau so abstrakte Überlegungen anstellen wie mit ihren einzelnen Inhalten – mathematische Operationen unabhängig von ihrer Bedeutung.

Genau das zeigte Eddi gerade seinem Freund (Abb. 2.3): „Wir können bei zwei Mengen, die gemeinsame, aber auch unterschiedliche Elemente enthalten, eine ‚Vereinigungsmenge' definieren. Das ist die Menge aller Elemente, die zu A *und* B gehören. Besser gesagt: zu A *oder* B oder *beiden*. Wir schreiben das als $A \cup B$, das wie ein ‚und' aussieht, aber mathematisch ‚oder' bedeutet. Aber das ist nur eine

---

[10] Die Kurzform „größergleich" bedeutet „größer als oder gleich".

Eselsbrücke, wie du gleich sehen wirst. Wenn A die Menge aller Ziegenböcke ist und B die Menge aller braunen Ziegen, dann ist die Vereinigungsmenge…" „Die Menge aller Ziegen, die braun *oder* männlich sind oder beides", ergänzte Rudi. Eddi fuhr fort: „Ja. Also kein ‚entweder… oder'. Dagegen ist die so genannte ‚Schnittmenge' A ∩ B die Menge aller braunen Ziegenböcke. Also markiere ich mit ‚∩' alle Elemente, die zu A *und* B gehören, mit ‚∪' die, die zu A *oder* B gehören." „Jetzt hast du mich verwirrt: Das ‚und' ist ein ‚oder'?" „So kann man es sagen. Dann merke dir das ‚∪' als Topf, in das *alles* reinkommt!"

„Das ist ja sehr anschaulich", fand Rudi, „Und nun lass mich raten: C in deiner Zeichnung ist die Menge aller *nicht* braunen Ziegenböcke und D die Menge aller braunen weiblichen Ziegen." „So einfach ist das!", bestätigte Eddi. Rudi hatte aber noch einen Einwand: „Es sieht ja so aus, als würde die Vereinigungsmenge A ∪ B die Schnittmenge A ∩ B enthalten." Eddi nickte: „In der Tat… Deswegen kannst du beim nächsten Mittagessen auf die Frage ‚Möchtest du Fisch oder Fleisch?' mit einem klaren ‚Ja!' antworten. Und du siehst: ‚*Nicht* eine Menge' ist auch eine Menge." „*Wie* bitte!? Faselst du?"

Aber so ist es. Es gibt sogar einen Operator dafür, das Zeichen ‚¬'. Also ist ¬A sozusagen „alles auf der Welt außer Ziegenböcken". Daraus wird später ein gewisser Georg Cantor in den Jahren 1874 bis 1897 eine „Mengenlehre"[11] entwickeln, indem er eine Menge „naiv" als eine Zusammenfassung bestimmter, wohlunterschiedener Objekte unserer Anschauung oder unseres Denkens zu einem Ganzen beschrieb. Viele mathematische Erkenntnisse entstanden daraus, aber auch – wegen des Umdeutens oder Umformulierens bekannter arithmetischer Gesetze – gelegentlich eine Verwirrung auf höherer Ebene. Einen kleinen Leckerbissen kann ich Ihnen aber nicht ersparen: die „De Morgan'schen Regeln"[12] – zwei grundlegende Regeln für logische Aussagen. Sie wurden nach dem Mathematiker Augustus De Morgan (1806–1871) benannt, obwohl sie bereits dem mittelalterlichen Logiker Wilhelm von Ockham (1285–1347) bekannt waren. Sie kamen bei der Entwicklung des Computers zur Anwendung – ein Beispiel, wie reines spielerisches Denken zu praktischen Anwendungen führt. Kostprobe gefällig? ¬ (A ∩ B) = ¬A ∪ ¬B. In Worten: „Nicht ‚A *und* B' ist gleich nicht A *oder* nicht B".

So hätte Eddi das ausgedrückt: Die Menge aller Ziegen, die *nicht* braune Ziegenböcke (A = Ziegenböcke *und* B = alle braunen Ziegen, also sowohl Bock als auch braun) sind, sind entweder nicht braun *oder* keine Ziegenböcke. Oder für Kaffeetrinker aus dem heutigen Alltag: Wenn Sie gerne Kaffee trinken, aber immer nur

---

[11] Siehe http://de.wikipedia.org/wiki/Mengenlehre und…/Menge_(Mathematik). Definition aus dieser Quelle. Vergl. auch Wallace (2007).

[12] Siehe http://de.wikipedia.org/wiki/De_Morgan'sche_Gesetze. Folgender Satz von dort, ebenfalls das Kaffee-Beispiel.

schwarz und ohne Zucker, dann kann man dies so ausdrücken: „Keine Milch *und* kein Zucker (im Kaffee), genau dann trinke ich den Kaffee" (rechte Seite der De Morgan'schen Regel). Das ist nach der Regel wertgleich mit der Aussage: „Milch *oder* Zucker (im Kaffee), genau dann trinke ich den Kaffee *nicht*" (linke Seite der De Morgan'schen Regel). So verwandelt sich ein verneintes „sowohl als auch" in ein „entweder oder".

2.4 Wir tolerieren keine Intoleranz

Womit wir bei den Paradoxien wären, den inneren Widersprüchen. Denn plötzlich taucht eine selbstbezügliche Frage auf: Kann eine Menge *sich selbst* enthalten? „Natürlich nicht!", sagen Sie – das wäre ja wie bei Münchhausen, der sich selbst am eigenen Schopf aus dem Sumpf zieht. Eine ‚Menge' ist ja eine Sammelbezeichnung für eine Gesamtheit, ein „gedachter Lederbeutel" mit einem Zettelchen daran, auf dem der Name der Menge steht, die darin ist. Und der Zettel ist außen dran und nicht *im* Beutel. Also: nein.

Betrachten wir sicherheitshalber ein Beispiel: Auf dem Zettel steht „Menge aller Dinge, die sich mit exakt elf Worten beschreiben lässt". Im Beutel ist ein Apfel („Essbare Frucht der Art *Malus domestica* innerhalb der Pflanzengattung der Kernobstgewächse" = 11 Worte), eine Schlagbohrmaschine („Bohrmaschine, die auch eine vibrationsähnliche Bewegung in axialer Richtung ausführen kann" = 11 Worte) und ein Omnibus („Großes Straßenfahrzeug, für den gewerbsmäßigen Transport zahlreicher Personen im Öffentlichen Personennahverkehr" = 11 Worte). Aber kein Düsenjäger („Ein strahlgetriebenes Jagdflugzeug" = 3 Worte). Ja, ein etwas seltsames Beispiel, aber warum nicht? Logisch korrekt. Jetzt schauen Sie mal auf den Zettel am Lederbeutel und zählen Sie die Wörter... es sind genau 11! Also gehört die „Menge aller Dinge, die sich mit exakt elf Worten beschreiben lässt" zu *sich selbst.*

Der britische Philosoph, Mathematiker und Logiker Bertrand Russell (1872–1970) hat im Jahre 1903 die nach ihm benannte „Russellsche Antinomie" formuliert. Er definierte die nach ihm benannte „Russellsche Klasse" ähnlich wie hier als die „Menge aller Mengen, die sich *nicht* selbst als Element enthalten". Er kam allerdings zu dem Schluss, dass es sie nicht geben kann – genauer: dass es sie, wenn es sie gibt, nicht geben kann und wenn es sie nicht gibt, geben muss. Können Sie noch folgen? Ich nicht mehr, aber in es gibt ein anschauliches und sofort einsehbares Beispiel – der „Barbier von Sevilla": *Man kann einen Barbier als einen definieren, der all jene und nur jene rasiert, die sich nicht selbst rasieren. Die Frage ist: Rasiert der Barbier sich selbst?*[13]

---

[13] Quelle (wörtlich): http://de.wikipedia.org/wiki/Barbier-Paradoxon.

Rechnen und Symbole 3

Aber wie war das mit den Zahlen „unter der Null"? Dieses Problem hatte beide einige Tage beschäftigt. Sie verbrachten sie mit Rechnen – addieren und subtrahieren, denn das konnten sie schon richtig gut. Addieren ist ja einfach Weiterzählen oder Weitergehen auf dem Zahlenstrahl. Subtrahieren ist Rückwärtszählen oder Rückwärtsgehen, mehr nicht. Getreidesäckchen, Steine, sogar Hühner wurden addiert und wieder abgezogen, doch die Null ließ sich nicht unterschreiten. Schlimmstenfalls blieb etwas übrig, „der traurige Rest", wie sie es nannten.

Rudi, der Praktiker, entdeckte schließlich die Lösung an einem saukalten Tag: „Mein Thermometer ist unter Null gefallen, genau zwei Striche unter Null. Warum schreiben wir dort nicht auch eine ‚2' dran und markieren die ‚falsche' Seite mit einem speziellen Zeichen – sagen wir: ein kleiner Strich – und nennen es… äh…"

„Minus", tönte es aus dem Hintergrund und Siggi trat zu ihnen. „Oder *negative* Zahlen…"

Keiner ahnte, welche seelischen Lasten Siggi mit sich herumtrug. Er wusste, dass das Wissen explodieren würde – „exponentiell zunehmen", wie man dann sagen würde –, und dieses Wissen hatte er auch schon in seiner Gesamtheit geschaut. Er galt als vorlaut, weil er manchmal seine Kenntnisse nicht für sich behalten konnte – dabei versuchte er doch, sich zu beherrschen, um nicht als neunmalkluger Besserwisser ins soziale Abseits zu geraten. Doch ab und zu konnte er auch in schwierigen Situationen aushelfen – wie jetzt.

„Das ist ein reeller Vorschlag!", lobte Eddi, „Und das sind doch ganz reelle Zahlen, oder? Also warum sie nicht so nennen?! Und der Zahlen*strahl* mit einem Ursprungspunkt wird zur Zahlen*geraden*, die keinen Anfang und kein Ende hat." So war nun der Name geboren: *Reelle* Zahlen sind alle Zahlen auf der Zahlengeraden von minus Unendlich über Null bis plus Unendlich – obwohl unsere beiden Tüftler beileibe noch nicht alle verschiedenen Zahlentypen entdeckt hatten. Und gar nicht genau wussten, was denn „Unendlich" überhaupt ist…

„Ich dachte immer, Zahlen auf der anderen Seite der Null seien etwas ganz Abstraktes", gestand Eddi, „nun haben sie wenigstens einen Namen: *negative* Zahlen. Und die anderen nennen wir *positiv*." „Nun siehst du, dass du dich geirrt hast, denn du frierst ja ganz *konkret!*", belehrte ihn Rudi und freute sich so über seinen Kalauer, dass er noch einen darauf setzte: „Und negatives Geld ist genau so schlimm – du *hast* es nicht, du *schuldest* es jemandem. In diesem Falle mir, denn ich habe dir gestern drei Stones geliehen, damit du dein Bier bezahlen kannst."

Auch das Multiplizieren war einfach zu begreifen: Man zählte einfach gleichgroße Haufen. Eddi hatte sich angewöhnt, seine Schafe im Zweierpack zu zählen, mit zwei Fingern, und das Ergebnis dann einfach zu verdoppeln. Blieb eins übrig, so wurde es halt dazugerechnet. Rudi, der sich gelegentlich für witzig hielt, schlug vor, doch die Beine der Schafe zu zählen und dann durch vier zu teilen.

Doch das Teilen war nicht einfach. Auf einen Baum zu klettern ist keine Schwierigkeit – wohl aber manchmal der Rückweg. Das wusste jede Katze. Ganze Zahlen zu multiplizieren war einfach, aber das Teilen führte manchmal zu einem Rest, der übrig blieb. *Schon wieder ein trauriger Rest!*, dachte Eddi. Als Rechenzeichen hatte man sich den „/" ausgesucht: $6/2 = 3$, aber $5/2 = 2$ mit einem Rest von 1. Das Zeichen war aber noch nicht endgültig, denn er experimentierte noch mit dem „:" – 6:2 sah doch auch gut aus. Oder vielleicht ein „÷"?

„Warum schreiben wir das nicht anders?", fragte Eddi und schlug vor, den Teiler (hier die „2") im Rest noch einmal zu erwähnen: $5/2 = 2\ 1/2$. Damit hatten sie die „gebrochenen Zahlen" – nennen wir sie „Brüche" – auch auf der Zahlengeraden angesiedelt. Ob es $-1/2$ oder $+4/3$ sind (eigentlich ein „unechter" Bruch, da der Zähler oben größer als der Nenner unten ist), sie finden den richtigen Platz. Beim Bruch – man kann es auch „Quotient" nennen – zählt der Zähler, wie viele es sind und der Nenner nennt die Zahl, durch die der Zähler geteilt wird. 17/3 oder 3/17 – letzteres ist ein „echter Bruch", denn das Wort „Bruch" suggeriert den *Teil* eines Ganzen. Also etwas Kleineres – und das „Ganze" ist in der Mathematik ja oft die 1 (oder, wie wir noch sehen werden, 100 %).

Es war den beiden auch aufgefallen, dass dieselben Brüche unterschiedlich geschrieben werden konnten: 1/2 war dasselbe wie 5/10. Abstrakt gesehen, denn ein halbes Huhn war wertmäßig nicht dasselbe wie fünf Zehntel Hühner – aber vom Gewicht her schon und abstrakt gesehen allemal! Nur die kleinen Stückchen mochten die Leute nicht…

Nun war es an der Zeit, die Schreibweise des neuen „Dezimalsystems" auch auf die Brüche auszudehnen, denn 1/2 ist ja nichts anderes als 5/10. Wenn links von der 1 der zehnfache Wert steht, muss rechts davon das $1/_{10}$-fache stehen. Also ist $5/2 = 2{,}5$. Rudi staunte, wie einfach das war. Auch die Operation, die sie „kürzen" nannten, ging ihnen leicht von der Hand. Denn wenn der Zähler und Nenner beide

Abb. 3.1 Die Zahlengerade zeigt alle Reellen Zahlen

durch dieselbe Zahl geteilt werden können (den „Teiler"), dann lässt sich der Bruch so weit vereinfachen, bis ein „echter" Bruch übrig bleibt. Also teilen wir 12/18 oben und unten durch 3 und bekommen 4/6, das wir durch 2 teilen können: 2/3. Ende des Kürzens. Das alles und noch viel mehr nennt man Bruchrechnung.

„Subtraktion ist ja die Umkehr auf der Zahlengeraden…", sinnierte Rudi, „Wenn ich aber nun alle Zahlen gleich behandele, die negativen wie die positiven… Was passiert dann bei -3 Strich Kälte, wenn es zwei Strich kälter wird?" -3 – 2, das war Eddi klar: „Minus fünf." Rudi, listig blinzelnd, fragte nach: „Wenn ich aber statt der 2 eine negative 2 abziehe, was dann?" -3 – -2, das erforderte Nachdenken! Aber nur kurz – es war ja logisch: doppelte Richtungsumkehr auf der Zahlengeraden, also wieder in die positive Richtung. „Minus minus minus ergibt plus!", sagte er bestimmt und es traf ihn wie ein Hammer. Eine tiefe Erkenntnis, ein mathematisches Gesetz sozusagen.

Nun war es also vollständig, das Bild der Zahlengeraden mit allen Reellen Zahlen (Abb. 3.1).

Rudi hatte darauf bestanden, rechts neben der 3 noch einen weiteren Bruch einzuzeichnen: 22/7. Was das sollte, war ihm nicht zu entlocken. „Ich habe mich mit Kreisen beschäftigt", grinste er geheimnisvoll und hüllte sich in Schweigen.

3.1 Symbole bezeichnen Dinge

Die Sache mit den Buchstaben zur Bezeichnung bestimmter Dinge hatte ihm auch gefallen. Das sparte enorm viel der wertvollen Kohlestifte. Kleinbuchstaben waren noch ökonomischer – und wenn man sich auf *einen* Buchstaben pro Ding beschränkte, dann konnte man sich auch noch das Multiplikationszeichen sparen, obwohl es nur ein einfacher mittiger Punkt war. Wahlweise auch ein Sternchen oder ein x-förmiges Kreuz, je nach Lust und Laune. Zehn Ziegen wurden zu „10 z" und ihr Wert, der sich aus der Multiplikation mit dem Preis p ergab, zu „pz".[1]Das

---

[1] Dies ist ein Beispiel für die Gepflogenheit in Fachbüchern, mathematische Symbole in Kursivschrift zu schreiben. Das gilt nicht für Abkürzungen konkreter Gegenstände:z steht für

war die Geburt der mathematischen Symbole. Rudi griff das begeistert auf und
schrieb die Behauptung in den Sand: „$s = vt$".

Eddis fragenden Blick kommentierte er umgehend: „Man muss natürlich *wissen*, was die Buchstaben bedeuten. Es muss sich in Fachkreisen einbürgern – für das
niedere Volk ist das nichts. Ich behaupte damit: Die Strecke s, die man zurücklegt,
ergibt sich aus der Multiplikation der Geschwindigkeit v mit der Zeit t. Die musste
ich so nennen, denn das ‚z' war ja schon für deine Ziegen belegt." „Und das ‚v'?"
„Das hat mir Siggi gesteckt: ‚g' sei schon vergeben, und irgendwelche späteren Völ-
ker würden das Wort ‚*velocitas*' für die Geschwindigkeit – in Fuß pro Stunde – verwenden. Für diese Größen kannst du dann beliebige Zahlen einsetzen, die Symbol-
buchstaben sind gewissermaßen ‚Platzhalter' für die Zahlen. Kriecht eine Schnecke
zwei Stunden mit drei Fuß pro Stunde, dann kann ich t = 2 und v = 3 schreiben. Also
ist vt = 3 · 2, sie hat eine Strecke s = 6 Fuß zurückgelegt."

„Nett!", sagte Eddi, „Und da wir dafür auch krumme Zahlen einsetzen können,
können wir auch Strecken für eine halbe Stunde mit zweieinhalb Stundenfüßen
berechnen… womit wir wieder bei der Zahlengeraden wären." „Nichts leichter als
das: Mit t gleich ½ oder nach deinem Dezimalsystem 0,5 und v gleich 2,5 ergibt
sich s gleich 1,25", meinte Rudi befriedigt und ergänzte: „Dein Dezimalsystem ist
ja überaus elegant, muss ich sagen. Die zweite Stelle links vom Komma hat das
Gewicht 100 und die zweite Stelle rechts vom Komma 1/100. Das versteht doch
jedes Kind!"

„Ja, wir könnten den Wert etwas links von 4/3 einzeichnen…" Er kratzte sich
am Kopf und sagte dann: „Vier Drittel, das ist 1,33… nein, 1,333… nein, 1,3333…
O! Es gibt Brüche in Dezimalschreibweise, die hören *nie* auf!" „Das klingt ja irrati-
onal!", meinte Rudi. „Ach, so schlimm ist es nun wieder nicht", sagte Eddi, „es ist ja
immer noch ein ganz normaler Bruch, also etwas ziemlich Rationales."[2]

Man konnte sagen, was man wollte – Siggi war ein weiser Mann. „Die Zukunft
ist klüger als wir", sagte er bescheiden – wohl wissend, dass er damit den Denk-
fehler beging, eine Zeit mit einer Gruppe Menschen zu vergleichen. Aber es hörte
sich gut an und war der Auftakt zu klugen Worten, denen Eddi und Rudi gerne
lauschten… manchmal. Man solle doch einmal darüber nachdenken, womit man
sich beschäftige… welchen Beitrag man zum Wohlergehen der Gesellschaft leiste…
im Gegensatz zu der harten Arbeit der anderen auf den Feldern oder auf den Wei-
den. Was Rudi entdeckt hätte, so erklärte Siggi, sei ein Gesetz der Physik, der kör-

---

eine mathematische Größe, Z für Ziegen. Doch ich erlaube mir, aus ästhetischen Gründen
von dieser Regel abzuweichen, um den Text nicht zu unruhig werden zu lassen.

[2] Wie wir noch sehen werden, sind irrationale Zahlen (die auch „nie enden") dadurch gekennzeichnet, dass sie kein Verhältnis von ganzen Zahlen sind (vergl. http://de.wikipedia.org/
wiki/Irrationale_Zahlen).

Gesetz	Addition	Multiplikation
Kommutativ	$a + b = b + a$	$a \cdot b = b \cdot a$
Assoziativ	$(a + b) + c = a + (b + c)$	$(a \cdot b) \cdot c = a \cdot (b \cdot c)$
Distributiv		$a \cdot (b + c) = a \cdot b + a \cdot c$

Abb. 3.2 Rechenregeln für Gleichungen mit mehreren Gliedern

perlichen Welt, der unbelebten Natur. Das wäre praktisch verwendbar und nicht so theoretisch wie die Mathematik, die in der geistigen Welt angesiedelt sei und sich mit Symbolen und Logik beschäftige. Zwischen der Physik, der Lehre von den körperlichen Dingen und der Mathematik, der Lehre von den körper*losen* Dingen sei die Geometrie einzuordnen, die Lehre von den gedachten Körpern. Das gefiel den beiden – Siggi war wirklich groß im Finden von wissenschaftlichen Begriffen. Obwohl viele den Verdacht hatten, er hole sie einfach aus der Zukunft. Alle diese Gedanken, so schloss er seinen kleinen Vortrag, seien Teil der Philosophie, der „Liebe zur Weisheit".

Rudi schwoll vor Stolz an und beschloss, sich „Physiker und Geometer" zu nennen. Damit hatte er auch einen Teil der Mathematik für sich beansprucht, der „Kunst des Lernens", wie Siggi gesagt hatte.

3.2 Die Regeln des Rechnens

Eddi konnte das nicht auf sich sitzen lassen. Rudi schien klar im Vorteil (schon damals waren Männer vom Gedanken des Wettbewerbs beseelt). „Das Buch der Natur ist in der Sprache der Mathematik geschrieben",[3] brummelte er verdrossen und lenkte das Thema auf die Behandlung der mathematischen Symbole ungeachtet ihrer praktischen Bedeutung: „Rechenregeln, damit sollten wir uns mal beschäftigen!" Und schon fing er an, Formeln in den Sand zu schreiben (Abb. 3.2).

Die Fachausdrücke hatte Siggi vorgeschlagen, zum Beispiel das Wort „Kommutativgesetz" für die unbestreitbare Tatsache, dass bei Addition und Multiplikation die beiden Größen a und b – was immer das auch für eine Zahl oder physikalische Größe sei – vertauschbar wären. „Vertauschungsgesetz" klang einfach nicht so gut. Bei der Subtraktion oder Division sei das ja offensichtlich nicht so: $a - b \neq b - a$. Ein

---

[3] Ausspruch von Galileo Galilei (1623) („Das Buch der Natur ist in der Sprache der Mathematik geschrieben und ihre Buchstaben sind Dreiecke, Kreise und andere geometrische Figuren…", Quelle: http://de.wiktionary.org/wiki/Natur) und Titel eines Buches: Livio (2010).

durchgestrichenes Gleichheitszeichen bedeute übrigens… „Ungleich", erriet Rudi sofort und malte a/b ≠ b/a in den Sand. Das „Assoziativgesetz" sei ebenso trivial, denn die Klammern zur Bestimmung der zuerst durchzuführenden Rechnung besagten hier ja nichts – anders als beim Unterschied zwischen $a \cdot b - c$ und $a \cdot (b - c)$, denn $4 \cdot 3 - 2$ sei 10 und $4 \cdot (3 - 2)$ sei 4. Die Klammern würden den Vorrang „Punktrechnung vor Strichrechnung"[4] aufheben.

Als das eigentlich Interessante, wenngleich auch nicht besonders schwierig, bezeichnete Eddi das „Distributivgesetz": $4 \cdot (3 + 2)$ sei 20 und damit gleich $4 \cdot 3 + 4 \cdot 2$. „Und bei $a \cdot (b - c)$ gilt es ebenso, denn das ist gleich $a \cdot b - a \cdot c$", bestätigte Rudi und alle nickten. Da könne er noch eins draufsetzen, meinte Eddi, denn $(a + b) \cdot (c + d)$ sei – ohne den „Malpunkt", deswegen habe man ja die einbuchstabigen Symbole erdacht – einfach gleich $ac + ad + bc + bd$.

„Die Mathematiker sind einfach nur stinkfaul!", sagte eine helle Stimme im Hintergrund. Wilhelmine Wicca, meist „Willa" genannt, war zu ihnen getreten und betrachtete die Zeichen im Sand, als ob sie das alles schon wüsste. „Ein guter Anfang. Macht weiter, Jungs. Ich komme dann wieder, wenn ihr wirklich etwas Neues und Spannendes entdeckt habt. Diese Zahlentheorie ist ja *sehr* grundlegend, wie kann man sich denn damit *so* lange aufhalten?!"

Eddi beachtete sie nicht. „Das nenne ich ‚ausmultiplizieren' und es geht natürlich bei jedem beliebigen Mix von Vorzeichen", fuhr er zufrieden fort. „Also ist zum Beispiel $(a + b) \cdot (a - b)$ gleich $aa - ab + ba - bb$, und das ist $aa - bb$, denn $ab - ba$ ist Null."

„A-ha!", sagte Rudi mit leuchtenden Augen, „Ich sehe, das Ding hat Kraft in sich. Denn das gilt *immer*, egal was a und b bedeuten. Ob Preise und Stückzahlen von Handelsgegenständen oder physikalische Größen wie Geschwindigkeit und Zeitspanne." „Yep!", sagte Siggi bestätigend und die beiden dachten, er hätte einen Schluckauf.

Das Ausmultiplizieren führt uns auch zu einer bekannten Gleichung, die Siggi mit dem Ausdruck „Binomische Formel" bezeichnet hätte: $(a + b) \cdot (a + b) = (a + b)^2 = a^2 + 2ab + b^2$. Aber halt! Die „Hochzahl" müssen die Beiden ja erst noch erfinden. Und Selbstverständlichkeiten beim Rechnen braucht man hier nicht zu erwähnen. Z. B., dass $x + 0 = x$ ist oder $x/x = 1$ oder $x \cdot 1 = x$ oder $x \cdot 0 = 0$ oder oder oder… egal, für welche Zahlen x.

„Pure Logik! Und eigentlich ganz einfach!" Zufrieden lehnte Eddi sich zurück. Nun hatte die Welt der Zahlen ihre endgültige Ordnung! Dachte er… im Gehen lächelte Siggi wissend.

---

[4] Ein einfacher Merksatz, der bei Verwendung des Punktes bei der Multiplikation und des Doppelpunktes bei der Division einsichtig wird, denn „+" und „−" bestehen aus Strichen.

Potenzen und Wurzeln

4

In der Unterhaltung der beiden „Gelehrten",wie sie inzwischen von einigen genannt wurden, tauchten manchmal seltsame Wörter und Begriffe auf. Sie wussten selber nicht, wie sie darauf gekommen waren – aber sie waren ein hervorragendes, exakt definiertes Verständigungsmittel unter Fachleuten. Vielleicht waren sie durch Siggis magische Kräfte in ihren Kopf gelangt – „Quadrat" zum Beispiel als Viereck mit vier gleich langen Seiten und rechten Winkeln oder „Kubus", ein Würfel oder regelmäßiger „Sechsflächner".

„Das Multiplizieren ist ja eine feine Sache", sagte Rudi, „Man kann damit ja nicht nur die Elemente in gleichgroßen Haufen zählen, also drei Haufen mit je sechs Elementen gleich achtzehn Elemente. Man kann auch die Fläche eines Quadrates von drei Fuß Seitenlänge berechnen: $3 \cdot 3 = 9$. Endlich mal was Praktisches! Oder den Inhalt eines Kubus mit dieser Seitenlänge: $3 \cdot 3 \cdot 3 = 27$." Eddi ergänzte ihn: „Und wenn du drei Stück davon hast, sind es $3 \cdot 3 \cdot 3 \cdot 3 = 81$… und das drei Tage hintereinander: $3 \cdot 3 \cdot 3 \cdot 3 \cdot 3 = 243$. Und bei einer beliebigen Seitenlänge a schreiben wir dafür ‚aaaaa = …‘." Rudi war entsetzt: „Willst du mich vera…?!?! Wir machen uns ja lächerlich."

In der Tat… so etwas hinzuschreiben sah ja sehr unschön aus! Und diese Schreibweise auf der Höhlenwand würde viel zu viel kostbaren Kohlestift verbrauchen. Warum notierte man nicht die Häufigkeit der Multiplikation mit sich selbst auf spezielle Weise? Mathematik war doch die Kunst der Kürze! Rudi schlug a^n vor, also z. B. 2^5. Eddi war dagegen, man hätte ein neues Zeichen erschaffen müssen. Stattdessen schlug er eine „Hochzahl" vor. Also 2^5 – das war es! Eine hochgestellte Zahl, kürzer und klarer ging es nicht! Und wie elegant: Das Quadrat mit einer Seitenlänge a hat die Fläche a^2, der Würfel das Volumen a^3. Die Formel $(a+b) \cdot (a-b)$ ergibt nun nicht $aa - bb$, sondern $a^2 - b^2$. Tausend konnte man statt 1.000 nun als 10^3 schreiben. Eine Million Ziegen (niemand wusste, ob es so viele gab!) wurde nicht als 1.000.000 Z notiert sondern als 10^6 Z. Denn die 10 ergab 6

J. Beetz, *Algebra für Höhlenmenschen und andere Anfänger*, essentials,
DOI 10.1007/978-3-658-05574-5_4, © Springer Fachmedien Wiesbaden 2014

Mal mit sich selbst multipliziert genau das, was man „eine Million" nannte. 10^2 ergibt 100, 10^4 genau 10.000, 10^5 schon 100.000. Man brauchte nur die Nullen nach der „1" zu zählen. Und keine neuen Wörter zu erfinden – statt „Milliarde" für 10^9 sagte man einfach „Zehn hoch neun". Genial! Siggi verriet ihnen beiläufig, dass man die „Hochzahl" später „Exponent" nennen würde… das würde besser klingen, wissenschaftlicher… schließlich wolle man das einfache Volk ja beeindrucken!

Es war nur konsequent, dass $a^1 = a$ war – nur bei der logisch sich anschließenden Frage nach a^0 (a hoch null!) waren sie ratlos. Rudi, der Praktiker, vertagte dieses Problem auf später.

Doch das war erst der Anfang. Bald fand er heraus, dass man zum Multiplizieren von Zahlen nur die „Hochzahlen" zu addieren brauchte, und zum Dividieren (das Schwerste in der Arithmetik) musste man sie subtrahieren. So kam man mit den Nullen nicht durcheinander! Hundert mal Zehntausend – ein Klacks: $10^2 \cdot 10^4$ ergibt 10^6, also wieder die Million, weil $2 + 4 = 6$. Eine Milliarde durch tausend ist eine Million: $10^9/10^3 = 10^{9-3} = 10^6$.

Siggi war ganz begeistert, weil er es sofort verstand. Die „Hochzahl" heiße vornehm „Exponent" und der Vorgang „Potenzieren", so gab er bekannt. Er kannte auch schon praktische Fälle aus der Zukunft: Ein Volk im Norden würde 1,7 Billionen Stone Staatsschulden[1] haben (was immer das nun wieder war!). Ein Land, in dem man mit Milliarden (10^9) nur so um sich warf. Die Einwohnerzahl wäre (unvorstellbare!) 80 Mio. Pro Kopf sind das… na, wie macht man das?

Eine Billion sind eine Million Millionen, also $10^6 \cdot 10^6 = 10^{12}$. 1,7 Billionen sind $1,7 \cdot 10^{12}$ oder 17 mal 10^{11}. 80 Mio. sind 8 mal 10^7. Pro Kopf: 17/8 sind ca. 2 (bei *den* Zahlen wollen wir mal nicht so genau sein!) und $10^{11}/10^7$ sind 10^{11-7} sind 10^4. Also 2 mal 10^4: Zwanzigtausend Stone, pro Kopf, Kind oder Greis! Also *da* wollten sie nicht leben, meinten Eddi und Rudi einhellig.

Überhaupt, diese ferne Zeit, von der Siggi erzählte. Sieben Milliarden Menschen auf der ganzen Erde. Jeder würde fast 100 Jahre alt! Pro Jahr stürben also im Schnitt ein Hundertstel davon, also $7 \cdot 10^9/100 = 7 \cdot 10^7$. Pro Tag ganz grob etwa 200.000 ($7 \cdot 10^7/ 3,65 \cdot 10^2 = 1,92 \cdot 10^5$). Zweihunderttausend Tote! Täglich! Was für eine Tragödie!

Und noch etwas gäbe es: Arzneimittel, die extrem verdünnt würden. „Homöopathie" nenne man dies. Die Verdünnung würde lustigerweise auch als „Potenzierung" bezeichnet. „D30" wären üblich, also 10^{30}, aber wohlgemerkt $1:10^{30}$. Da sei kein Wirkstoff mehr in der Arznei, soviel könne er berichten, meinte Siggi. Bei

---

[1] Gemeint ist die Bundesrepublik Deutschland mit Verbindlichkeiten von 1.711,7 Mrd. Euro (Stand Ende März 2010). Siehe http://de.wikipedia.org/wiki/Staatsverschuldung und http:// de.wikipedia.org/wiki/Staatsverschuldung_Deutschlands.

$6 \cdot 10^{23}$, also rund der millionenfachen Konzentration der Arznei, hätte sich das letzte Molekül verabschiedet.[2]
Eddi und Rudi staunten und wandten sich wichtigeren Fragen zu.

4.1   Die Umkehrung der Potenzierung

Der Chronist hatte das Problem der Katze auf dem Baum ja schon erwähnt… Potenzieren ist einfach, aber die Umkehrung schwierig. Wie die Zahl finden, die mit sich selbst multipliziert eine gegebene Zahl ergibt. Für die „25" ist das einfach – $5 \cdot 5$ ist offensichtlich – aber was ist mit der „27"?

„Wir müssen an die Wurzel des Problems kommen!", forderte Eddi – und das Wort war geboren: die „Wurzel aus…". „Wie finde ich die Wurzel aus einer Zahl?", fragte Eddi verzweifelt. Zuerst dachte er sich ein neues Zeichen dafür aus: $\sqrt{\ldots}$ – eine Art Dach für die darunter stehende Zahl. „Dabei brauche ich das dringend in der Geometrie!", quengelte Rudi, „Denn ich habe schon herausgefunden, dass die Querlinie in einem Quadrat mit der Seitenlänge gleich eins deine so genannte ‚Wurzel' aus zwei ist…[3] aber welcher Wert ist das?"

„Sukzessive Approximation, Newtonsches Näherungsverfahren, Babylonisches Wurzelziehen, Heron-Verfahren", brummelte Siggi und erhielt sofort einen Platzverweis. „Der mit seinen Fremdwörtern! Das hält uns nur vom Denken ab… Es hilft uns nicht weiter, tolle Wörter zu kennen, wenn man nicht weiß, was sie bedeuten." Siggi protestierte: „Aber es macht Eindruck und keiner traut sich nachzufragen!" Doch Rudi kehrte zum Thema zurück: „Also: Wurzel aus 27? Meine erste Schätzung wäre 5 und ein bisschen. Aber wir wollen ja nicht einfach nur 'rumprobieren." „Zumindest nicht unsystematisch", meinte Eddi, „sondern das richtige Ergebnis systematisch einkreisen.[4] Wir suchen eine Lösung x für die allgemeine Gleichung $x^2 = a$, in diesem Fall für $a = 2$. Der Witz ist: Wir schätzen ein erstes x_1 und rechnen mit ihm in einer Formel das nächste x_2 aus… und so weiter, bis wir zu-

---

[2] Die „Avogadro-Konstante": eine physikalische Konstante, die als Teilchenzahl N pro Stoffmenge n definiert ist. Sie gibt an, wie viele Teilchen (Atome eines Elementes oder Moleküle einer chemischen Verbindung) in einer bestimmten Stoffmenge (Mol) des jeweiligen Materials enthalten sind (siehe http://de.wikipedia.org/wiki/Avogadro-Konstante).

[3] „Querlinie" bedeutet „Diagonale"; dies ist ein Vorgriff auf den bekannten „Satz des Pythagoras" $a2 + b^2 = c^2$, hier beim Quadrat mit der Diagonale c und der Seite a: $2 \cdot a^2 = c^2$.

[4] Das „Heron-Verfahren" (http://de.wikipedia.org/wiki/Heron-Verfahren) ist eine Variante des allgemeineren Newton-Verfahrens (http://de.wikipedia.org/wiki/Newton-Verfahren).

$$x_{n+1} = \frac{x_n + a/x_n}{2}$$

$\sqrt{27} = x$

$a = 27 \quad x_1 = 5$

$$x_2 = \frac{5 + 27/5}{2} = 5{,}2$$

$$x_3 = \frac{5{,}2 + 27/5{,}2}{2} = 5{,}196154$$

$\sqrt{2} = x$

$a = 2 \quad x_1 = 1$

$$x_2 = \frac{1 + 2/1}{2} = 1{,}5$$

$$x_3 = \frac{1{,}5 + 2/1{,}5}{2} = 1{,}4166$$

$x_4 = \ldots = 1{,}414215$

$\vdots$

$x = 1{,}41421356237\ldots$

Abb. 4.1 Die Wurzel aus 27 bzw. 2 nach dem Heron-Verfahren

frieden sind." Dabei begann er, an die Höhlenwand zu malen. Das mathematische Verfahren, einen gesuchten Lösungswert x gewissermaßen einzukreisen, müsste später noch genauer mit Rudi diskutiert werden. Einstweilen stellte er ihn damit ruhig, dass er ihm die Rechenformel für das Verfahren verriet (Abb. 4.1 oben). Hätte man eine geschätzte Näherung an das gesuchte x als x_1, so ergäbe sich das nächste x_2 als $(x_1 + a/x_1)/2$. Denn wenn man einen Schätzwert x_n habe, der etwas größer als die gesuchte Wurzel sei, dann wäre a/x_n natürlich etwa kleiner als die gesuchte Wurzel (und umgekehrt), und das (arithmetische) Mittel der beiden Werte ergäbe dann einen besseren Schätzwert. So zähle man n langsam hoch, bis die gewünschte Genauigkeit erreicht sei.

Dieses Rechenverfahren erfordert natürlich eine gewisse Geduld (wenn man die damals verfügbaren Hilfsmittel – Kopf und Kohlestift – berücksichtigt). Aber Rudi und Eddi hatten Zeit, und diese Formel „konvergiert" überraschend zügig, engt sich also schnell auf den „wahren" Wert ein. Man sieht, dass bei der Quadratwurzel aus 2 bereits x_4 auf 5 Dezimalstellen nach dem Komma genau ist.

Eine Kleinigkeit muss noch erwähnt werden. Nicht, dass die beiden sie übersehen hätten, denn sie ist so offensichtlich. Die Lösung x für die allgemeine Gleichung $x^2 = a$ kommt in doppelter Ausführung daher. Sie ist nicht bloß $x = \sqrt{a}$, sie ist $x_{1,2} = \pm \sqrt{a}$, abgekürzt geschrieben. Das erste x_1 ist der positive Wert, das zweite x_2 der negative. Denn $2 \cdot 2 = 4$, aber $-2 \cdot -2$ ist auch vier.

Abb. 4.2 Spielereien mit
Exponenten

$$2^0 = 1 \qquad a^{-n} = 1/a^n \qquad a^{1/n} = \sqrt[n]{a}$$
$$2^1 = 2 \qquad 2^{-1} = 1/2 \qquad a^{1/2} = \sqrt{a}$$
$$2^2 = 4 \qquad 2^{-2} = 1/4 \qquad a^{1/3} = \sqrt[3]{a}$$
$$2^3 = 8 \qquad \dots \qquad \dots$$
$$2^4 = 16$$
$$2^5 = 32 \qquad\qquad 2^{4/2} = 2^2 = \sqrt{16} = 4$$
$$\dots \qquad\qquad a^{n/m} = \sqrt[m]{a^n} \qquad \sqrt[2]{a^3} = a^{1,5}$$

4.2 Ein Exponent kann viele Gestalten haben

Das Rechnen mit Hochzahlen oder „Exponenten", wie sie nun zu sagen begannen, machte den beiden Spaß. Es hatte eine gewisse Eleganz. Eine fortlaufende Verdoppelung konnte man in „Zweierpotenzen" schreiben (Abb. 4.2 linker Kasten). „Doch wenn sich nun die Addition der Exponenten m und n in die Multiplikation der Zahlen $a^n \cdot a^m$ verwandelt und die Subtraktion der Exponenten in die Division der Zahlen", so dachte Eddi laut, „dann ist ja logischerweise ein *negativer* Exponent ein *Bruch*."

Rudi war noch nicht überzeugt: „Wie das?!" „Wenn…", so dachte Eddi weiter, „$a^n \cdot a^m = a^{n+m}$ ist, dann ist $2^{-1} \cdot 2^1 = 2^0 = 1$. Wenn nun $2^{-1} \cdot 2 = 1$ ist, ist somit 2^{-1} der Kehrwert von 2, weil ich ja nur beide Seiten der Gleichung durch 2 dividieren muss. Und das ist ½, wie sogar du bestätigen wirst." Rudi nickte: „Ja, aber du brauchst nicht stachelig zu werden. Denn wir dehnen das Potenzgesetz für die natürlichen Zahlen n und m einfach auch auf die rationalen Zahlen r und q aus, also $a^r \cdot a^q = a^{r+q}$. Dann siehst auch du sofort, dass $2^{1/2} \cdot 2^{1/2} = 2^{1/2+1/2}$ ist. Also ist die Zahl $2^{1/2}$ mit sich selbst multipliziert gleich 2, und somit ist $2^{1/2}$ die Wurzel von 2."

Recht hatte er! Denn $2^{2-4} = 2^{-2} = 1/4$ und $2^2/2^4 = 4/16 = 1/4$. Also ist $2^{-4} = 1/16$. Aber zusätzlich ist das Wurzelziehen die Umkehrung des Potenzierens, und auch das kann verallgemeinert werden (Abb. 4.2 rechts oben): Die Quadratwurzel aus 2 kann man als $2^{1/2}$ schreiben, die dritte Wurzel aus 27 als $27^{1/3}$.

Eine Weile rechneten sie mit Begeisterung Potenzen rauf und runter… bis Rudi wieder das Wort sagte, bei dem die Mütter ihren Kindern immer die Ohren zuhielten: „Ich dachte immer, Potenzieren wäre nur mit *ganzen* Zahlen erlaubt… a^n ist a genau n Mal mit sich selbst multipliziert. Aber wie kann man denn a eineinhalb Mal mit sich selbst multiplizieren? Denn das genau bedeutet ja $a^{3/2}$ gleich $a^{1,5}$, also die Quadratwurzel aus a hoch drei. Eine *krumme* Hochzahl?! Vielleicht war ich mit meiner Ausdehnung der Potenzgesetze auf rationale Zahlen etwas voreilig?"

Das beunruhigte auch Eddi ein wenig, und er fand nicht sofort eine Antwort. Vermutlich war das ein härterer Brocken, den er noch durchdenken musste. Man würde es beweisen müssen. Um sich von dieser heiklen Frage abzulenken, sinnierten sie noch ein wenig über das von Eddi eingeführte Zahlensystem, das ja offensichtlich auf den Potenzen von 10 beruhte. 7203,15 war ja nichts anderes als $7 \cdot 10^3 + 2 \cdot 10^2 + 0 \cdot 10^1 + 3 \cdot 10^0 + 1 \cdot 10^{-1} + 5 \cdot 10^{-2}$.

„Zahlen, Zahlen, Zahlen!", sagte Rudi schließlich etwas ratlos. „Was kann man denn nun damit anfangen?!" „Beruhige dich, mein Freund, auch bei einer Hütte legst du zuerst das Fundament. Es sieht nicht sehr attraktiv aus, aber warte ab! Ich sehe schon viele praktische Anwendungen unserer theoretischen Überlegungen am Horizont..." „Der Blick in die Zukunft ist doch Siggis Aufgabe!", spottete Rudi. Eddi ließ sich nicht beirren: „... und besonders bei deinen Fachgebieten, der Geometrie und Physik."

4.3 Potenzrechnung macht das Leben oft einfach

Diese abkürzende „Potenzschreibweise" und ihre Rechenregeln machen das Leben oft einfach. Sie verwandeln eine Multiplikation in eine Addition und umgekehrt: $a^n \cdot a^m = a^{n+m}$. Oft muss man durch eine überschlägige Abschätzung ja nur sicherstellen, dass man die richtige Vorstellung vom Umfang eines Phänomens hat. Ein befreundete Physiker sagte einmal zu meinem Entsetzen: „Zahlen interessieren mich nicht..." Und er fuhr fort: „... nur Größenordnungen." Also Zehnerpotenzen. Das hilft insbesondere in der Mikro- und Makrowelt, also bei sehr kleinen oder sehr großen Zahlen. Ein Atom ist etwa 0,1 nm (ein Zehntel eines Milliardstel Meter) groß, also 0,00000000001 m oder 10^{-10} m. Niemand macht sich die Mühe, die Nullen hinter dem Komma zu zählen, niemand schert sich darum, ob es nicht 0,2 nm sind. Klein ist klein. Die Schreibweise „10^{-10}" ist einfach einfach zu erfassen. Im Vergleich zum Atom als Ganzes ist der Atom*kern* aber nur etwa 10^{-14} m groß – das Atom ist gewissermaßen „leer"! Die „Hülle" des Atoms (was immer das ist!) ist das Zehntausendfache seines Durchmessers entfernt. Denn $10^{-10} : 10^{-14} = 10^{-10-(-14)} = 10^4$.

Und groß ist groß. Lassen wir einmal so schwierige Fragen wie die räumliche Größe des Universums[5] beiseite. Schon die Lichtgeschwindigkeit[6] im Vakuum

---

[5] Sie wird auf der Diskussionsseite in Wikipedia (http://de.wikipedia.org/wiki/Diskussion: Universum#Durchmesser) ausführlich beleuchtet.

[6] Olaf Christensen Rømer (1644–1710) brachte als Erster den Nachweis, dass die Lichtgeschwindigkeit endlich und nicht unendlich groß ist und bot eine Anleitung, wie die Lichtgeschwindigkeit durch Beobachtung der Jupitermonde berechnet werden kann. Siehe "*Rømer's*

beträgt 299.792.458 m pro Sekunde, also ungefähr $3 \cdot 10^8$ m/s. Da 1 km $= 10^3$ m ist, ist die Lichtgeschwindigkeit $3 \cdot 10^{8-3}$ km/s oder die bekannten 300.000 km/s, denn $300.000 = 3 \cdot 10^5$. Pro Stunde (3.600 s) sind das $3,6 \cdot 10^3 \cdot 3 \cdot 10^8 \approx 10^{12}$ m/h, denn $3,6 \cdot 3$ ist ungefähr 10. Also 10^9 km/h (eine Milliarde Kilometer pro Stunde) – so jongliert man mit den Hochzahlen. Das Licht legt in einer Stunde eine Strecke von einer Milliarde Kilometer zurück. Zum Spaß teilen wir dies durch 60: 10^9 km sind $100 \cdot 10^7$ km, und 100/60 sind ca. 1,6. Also bekommen wir einen Wert von $1,6 \cdot 10^7$ km. Eine Lichtminute sind genau 17.987.547 km – da lagen wir zwar mit 16 Mio. etwas daneben, aber so funktionieren eben „Überschlagsrechnungen". Rechnen bzw. schätzen wir mit $1,8 \cdot 10^7$ weiter: Die Sonne ist, so sagen die Astrophysiker, etwa 8 Lichtminuten entfernt: $8 \cdot 1,8 \cdot 10^7 \approx 14,4 \cdot 10^7$ oder (wieder gerundet) etwa $150 \cdot 10^6$ oder 150 Mio. km. Ihr Durchmesser ist, so lesen wir, ca. $1,39 \cdot 10^6$ km. Die Erdentfernung verhält sich zum Sonnendurchmesser wie $1,44 \cdot 10^8$: $1,39 \cdot 10^6 \approx 10^2$ – ein Hundertstel der Verhältnisse im Atomkern! Wenn das nicht zum nachdenklichen Staunen oder staunendem Nachdenken anregt...!!

Verlassen wir den Zahlenfriedhof mit einer weiteren erstaunlichen Erkenntnis, die sich über das Rechnen mit Hochzahlen ergibt. *Nux vomica D30* ist ein Homöopathikum aus der „Gewöhnlichen Brechnuss". „D30" bedeutet eine dreißigfache Verdünnung in der Dezimalpotenz (Verdünnung 1:10), also eine Verdünnung von 1:10^{30}. Wir können auch 10^{-30} schreiben, eine 1 mit 30 Nullen hinter dem Komma (wie oben schon kurz erwähnt). Die Chemiker sagen uns, dass es die so genannte „Avogadro-Konstante" gibt. Sie besagt z. B., dass sich in 18 gr. Wasser (H_2O) ca. $6 \cdot 10^{23}$ Moleküle befinden. Also brauchen wir $18 \cdot 10^{30}/6 \cdot 10^{23} \approx 3 \cdot 10^7$ g Wasser, damit sich noch ein einziges Brechnuss-Molekül darin befindet. Das sind 30 t Wasser – ein kleiner Pool voll. Ob das eine Heilwirkung hat, wenn man ein paar Tröpfchen davon nimmt?!

4.4 Eine andere Umkehrung der Potenzierung

Willa sprach in einem formellen Ton, den man eigentlich nicht von ihr gewohnt war: „Nachdem ihr mit den Potenzen so erfolgreich wart, wäre es doch nur konsequent, meine Herren, wenn ihr euch mit Logarithmen beschäftigen würdet." „Was meint sie mit ‚konsequent' und mit ‚Logarithmen'?", fragte Rudi seinen Freund. „Folgerichtig", ließ sich Siggi vernehmen, „in der Römersprache heißt *consequi*

Measurement of the Speed of Light" im *Wolfram Demonstrations Project* in http://demonstrations.wolfram.com/RomersMeasurementOfTheSpeedOfLight/ und http://de.wikipedia.org/wiki/Ole_Rømer#Lichtgeschwindigkeit.

‚folgen' und die Sequenz ist die Reihenfolge." „Und ‚Logarithmen'? Immer diese Fremdwörter!", maulte Rudi. Willa musste ihn über das Leben als solches aufklären: „Mein Freund, auf das Wort kommt es nicht an. Ob du ‚Exponent' oder ‚Hochzahl' sagst, ist unerheblich – solange du nicht weißt, was es *bedeutet*, sagt dir das Wort in der Umgangssprache auch nichts." Eddi bestätigte: „Und ein neu geschaffenes Wort kannst du sogar mit einer eindeutigen Definition hinterlegen, damit man es nicht mit der Umgangssprache verwechselt. Und du kannst dir eine Eselsbrücke bauen, was zu deiner Denkweise ja gut passen würde. Der ‚logische Rhythmus' – ist zwar Unsinn, aber vielleicht wirkt es. So wie Willas Heiltrank, in dem außer Quellwasser nichts drin ist." „So ein Quatsch!", brummte Siggi, „Es kommt aus einer späteren Sprache, ‚altgriechisch' genannt, und bedeutet ‚Verhältnis der Zahlen'." „Aber was *ist* es denn nun?", beharrte Rudi. „In Kurzschrift oder in Prosa?", fragte Willa. „Ja", sagte Eddi. „Ja was?" „Beides", grinste Eddi und hatte wieder einen Punkt gemacht, „das inklusive logische ODER." Willa zeichnete etwas wie ‚$10^x = a \Rightarrow x = \log a$' in den Sand und sagte: „Der Logarithmus einer Zahl a ist der Wert x, mit dem du zehn potenzieren musst, um a zu erhalten. Der Doppelpfeil heißt so viel wie ‚daraus folgt' oder ‚führt zu' – mathematische Kurzschrift. So, und den Rest kriegt ihr selber raus. Komm, Siggi, wir lassen die Amateure alleine. Das war, lieber Eddi, für den ‚Heiltrank'."

„Das ist ja einfach", sagte Rudi erleichtert, „Das ist ja nichts als eine Umkehrung der Potenzierung. Also ist ‚$\log 1 = 0$', denn zehn hoch null ist eins – wie alles hoch null. Und ‚$\log 10 = 1$', denn zehn hoch eins ist zehn. Es geht weiter: ‚$\log 100 = 2$', denn zehn hoch zwei ist hundert. Und…" „Ist ja gut!", sagte Eddi, „komm mir jetzt nicht mit ‚$\log 1000$'. Aber sage mir, was ‚$\log 31,6228$' ist." Rudi sah ihn groß an: „Wie kommst du denn auf *die* krumme Zahl? Auf sechs Stellen genau?!" „War ein Scherz!", sagte Eddi, „Hatte ich zufällig im Kopf. Früher schon mal ausgerechnet, nur so aus Spaß. Es ist 1,5 oder 3/2. $10^{3/2} = 31,6228$." „Ach!", sage Rudi, „Ich ahne etwas. Die Potenzrechnung… a potenziert mit einem Bruch, sagen wir: a hoch m/n – m im Zähler und n im Nenner. Das ist dasselbe wie die n-te Wurzel aus a hoch m. In deinem Beispiel also die Quadratwurzel aus zehn hoch drei, Wurzel aus tausend, kurz gesagt." „Korrekt", sagte Eddi und lachte: „Du kannst natürlich auch die Wurzel aus zehn ziehen und das Ganze zur dritten Potenz erheben, wenn dir das einfacher erscheint. Oder sie einfach mit zehn multiplizieren."

Rudi verzog das Gesicht: „Da müssen wir also für alle Zahlen, ob 2 oder 27 oder 356, die Logarithmen berechnen?" „Sieht so aus, oder?" „Das gefällt mir…", sagte Rudi, „…*gar* nicht!" Eddi sah auch etwas unglücklich aus. In Rudi arbeitete es sichtbar, dass er sagte: „Ich habe eine Idee…." „O je! Setz dich hin, entspanne dich und warte, bis es vorbei ist!" „Quatsch nicht! Ich finde sie genial. Klar, dass *du* sie nicht hattest. Wir müssen die Logarithmen nur für die Zahlen zwischen 1 und 10

Abb. 4.3 Einige Fakten zu
den Logarithmen

$$x^y = a \implies \log_x a = y \implies x^{\log_x a} = a$$
$$\log (x \cdot y) = \log x + \log y, \text{ speziell}$$
$$\log (10^n \cdot x) = n + \log x$$
$$\log (x / y) = \log x - \log y$$
$$\log x^n = n \cdot \log x$$
$$\log (x + y) = \log x + \log (1 + y/x)$$

errechnen. Nach den Potenzgesetzen ist ja $a^n \cdot a^m = a^{n+m}$. Da $31{,}6228 = 10 \cdot 3{,}16228$ ist, ist log $31{,}6228 = 1 + \log 3{,}16228$. Multiplikation wird zur Addition – ein hübsches Prinzip."

Eddi nickte, aber Rudi hatte immer noch eine Frage: „Und wie machen wir das? Der Trick mit der Wurzel aus zehn funktioniert ja schön, aber was ist mit den anderen Zahlen: zwei, sieben, dreikommasechs? Im Augenblick fällt mir nichts dazu ein." „Mir auch nicht", gestand Eddi.

Uns an dieser Stelle auch nicht. Wir müssen noch ein paar zusätzliche Grundlagen erarbeiten. Fassen wir das Bisherige noch einmal zusammen, denn auch hier erweist sich die mathematische Kurzschrift für den Geübten als leichter zu verstehen. In der Abb. 4.3 sehen Sie noch einmal die wichtigsten Fakten zu den Logarithmen. Denn ein Logarithmus ist ja nichts anderes als eine einfache Zahl: ein Exponent, eine Hochzahl. Wenn eine beliebige Zahl x potenziert mit einer beliebigen Zahl y den Wert a ergibt, dann ist y der Logarithmus von a zur Basis x. Im Beispiel: Wenn $10^2 = 100$, dann ist $2 = \log_{10} 100$.

Die letzte Zeile in Abb. 4.3 überrascht vielleicht etwas, denn sie beschäftigt sich mit der Addition zweier Zahlen und dem Logarithmus ihrer Summe – aber sie geht wie alle Logarithmen-Gesetze logisch aus der Definition hervor. In der ersten Zeile steht ja die Darstellung des Logarithmus eines Produktes. Also muss man eine Summe nur in ein Produkt verwandeln. Dazu zieht man das x „künstlich" aus der Summe heraus: $x + y = x \cdot (1 + y/x)$. Welchen praktischen Nutzen das allerdings hat, bleibt erst einmal im Dunkeln.

Wie Rudi schon bemerkt hat, ist die Zusammenstellung aller Logarithmen dieser Welt beendet, wenn man die Werte zwischen 1,00 bis 9,99 kennt (bei zweistelliger Genauigkeit). Der Rest wird durch das Gesetz log $(10^n \cdot x) = n + \log x$ erledigt. Z. B. ist der Logarithmus von 2 zur Basis 10 gleich 0,30103, also ist der Logarithmus von 20 $(10^1 \cdot 2)$ gleich 1,30103. Der Logarithmus der 6-stelligen Zahl 2.000.000 ist 6,30103.

Zinsen und Prozente   5

Der Erfolg seines Geldes hätte Eddi beinahe übermütig gemacht. Die Idee der „Zinsen" ging ihm nicht aus dem Kopf. Sie sollten einen festen Anteil der verliehenen Summe betragen, zum Beispiel 5 von hundert Stones. Dafür hatte Siggi den Begriff „Prozent" ins Spiel gebracht und gleich ein Zeichen dafür vorgeschlagen: ‚%'. Das erinnerte an den Teilungsstrich, denn 5 von hundert $= {}^5/_{100} = 5\,\%$. Lieh er also jemandem 80 Stones, so forderte er nach einem Jahr (so waren die „Zinsen" angelegt) 5 % von 80, also 4 Stones zusätzlich zurück. Also zusammen $80 \cdot (1 + i)$, wenn er mit ‚i' den Prozentsatz bezeichnete. Dumm nur, wenn der Schuldner nach einem Jahr nicht zahlen konnte oder wollte… nein, nicht dumm! Denn dann würde er ihm auch die geschuldeten Zinsen weiter leihen und sie ihrerseits verzinsen, so dass nach einem weiteren Jahr die Summe $80 \cdot (1 + i) \cdot (1 + i)$ fällig wäre, bei $i = 5\,\%$ also 88,20. Der winzige Zuwachs als „Zinseszins" faszinierte ihn, und so rechnete er weiter und kam nach 10 Jahren schon auf 130,31 Stones statt der 120 ohne die Verzinsung der Zinsen. Also eine Einnahme von $130,31/80 = 162,89\,\%$ oder 62,89 % Gewinn auf die Kreditsumme. Und nach 100 Jahren – aber niemand lebte so lange (doch vielleicht könnte man Schulden ja vererben?!) – schon 10520,10 statt 480 Stones, ein Gewinn von 13050,13 %! Und eine Schuldenfalle für den anderen… Das 130fache der ursprünglich geliehenen Summe.

Wenn er aber 10 % verlangen würde – was als Kreditausfallversicherungsprämie ja schon sehr unsozial, ja wucherisch wäre –, dann hätte er nach 10 Jahren 159,37 % verdient und nach 100 Jahren 1377961,23 %. Astronomisch! Wahnsinn! Und auch beängstigend!

Siggi lief ihm über den Weg und sprach ihn an, als könne er in seinen Kopf sehen (was er als Seher ja auch konnte): „Zinseszins… ganz schön beeindruckend, nicht?! So ein kleiner Wachstumsfaktor… Unser BSP…" „Unser *was*!?" „Unsere

Brutto-Stammesproduktivität,[1] der Wert aller Endprodukte und Dienstleistungen, sie wächst ja auch ständig, wenn auch in kleineren Prozentzahlen. Wir werden ja immer produktiver – der Rudi mit seinen Erfindungen, Apparaten und Vorrichtungen! Seine Schneckenpumpe,[2] mit der ein Esel Wasser hebt, bewässert unsere Felder und steigert den Ertrag. Er wuchs in den letzten zwanzig Jahren im Schnitt immer so um die 3 % pro Jahr. Wir gelten als Exportmeister in dieser Gegend." Eddi dachte laut: „Das wäre in etwa 23 Jahren eine Verdopplung… in 100 Jahren, wenn unser Stamm so weitermacht, das Zwanzigfache. Kann denn eine Wirtschaft ewig wachsen?!" Nun wunderte er sich nicht mehr, dass es in der Umgebung des Dorfes kein Wild mehr gab und er beinahe verhungert wäre. Aber er hütete sich vor Kritik – doch Siggis Antwort beruhigte ihn nicht wirklich: „Tjaa… das wird man in zehntausend Jahren auch noch fragen. Manche glauben dann immer noch an ewiges Wachstum – nur wachsen die natürlichen Ressourcen nicht in gleicher Weise nach. Und wenn die Produktivität unendlich steigt…" Eddi korrigierte: „In der realen Welt ist *nichts* unendlich! Das ist nur eine gedachte mathematische Größe." „Trotzdem!", beharrte Siggi, „Wenn sie sehr sehr hoch steigt, dann arbeitet am Ende nur noch einer für alle. *Ein* Bauer versorgt den ganzen Stamm…" Sorgenvoll legte er seine Stirn in Falten und trollte sich. Diese Gedanken eines Steinzeitmenschen haben viele bis heute noch nicht verinnerlicht.

Stattdessen betrat Rudi den Schauplatz. Genauer: Er saß auf seinem Esel und kehrte von der Warenbörse[3] zurück, wo seltene Rohstoffe zwischen den Stämmen der Gegend frei nach den Gesetzen von Angebot und Nachfrage gehandelt wurden. Dort war er natürlich mit seinen Silex-Steinen dabei. „Die Preise für Feuersteine gehen rauf und runter wie die Lämmerschwänze. Letzte Woche waren sie 5 % runter, diese Woche 5 % rauf. So gleicht sich das wieder aus und wir haben keinen Verlust."

Eddi runzelte die Stirn: „Meinst du das ernst?! ‚Prozent' bezieht sich ja immer auf den letzten Wert. Wenn sie Anfang der letzten Woche um 5 % gefallen sind, stehen sie bei 95 %. Steigen sie von da aus um 5 %, landen sie bei $95 \cdot (1 + 0{,}05) = 99{,}75$. Kein großer Fehler, aber bei marktengen Werten, Feuersteinen zum Beispiel, die schon mal um 40 % schwanken können, fällt der Preis in diesem Fall von 100 auf 60

---

[1] Eine steinzeitliche Variante des „Bruttonationaleinkommens" (vereinzelt auch BSP = „Bruttosozialprodukt" genannt), siehe http://de.wikipedia.org/wiki/Bruttonationaleinkommen.

[2] Gemeint ist die „archimedische Schraube" (http://de.wikipedia.org/wiki/Archimedische_Schraube). Sie wurde allerdings erst Jahrtausende später verwendet.

[3] Die gab es in der Steinzeit natürlich auch noch nicht. Die erste Börse wurde 1409 in Brügge gegründet (Quelle: http://de.wikipedia.org/wiki/Warenbörse). Zu „Angebot und Nachfrage" siehe http://de.wikipedia.org/wiki/Marktgleichgewicht.

und steigt von da um 40 % auf 84. Hast du mit ihnen spekuliert, hast du 16 verloren. Von wegen: + 40 und − 40 % heben sich auf!"

Rudi entglitt das Wort, bei dem die Mütter ihren Kindern immer die Ohren zuhielten, und er sagte: „Das ist dem einfachen Volk, das darin investiert, wohl nicht klar… Ich werde es meinen Schülern eintrichtern. Wissen fürs Leben!"

Mit dieser Erkenntnis verlassen wir kurz die Geschichte. Wir sind einem neuen Zeichen begegnet: der Klammer. Klammern schaffen Ordnung in Formeln so wie Kommas (vom lateinischen *comma* = Einschnitt) in der Sprache. „Das Kleid, das ich gestern in der Boutique, die in der Fußgängerzone neu aufgemacht hat, gesehen habe, ist wirklich toll!" ist gleichwertig mit „Das Kleid (das ich gestern in der Boutique (die in der Fußgängerzone neu aufgemacht hat) gesehen habe) ist wirklich toll!". Es ist gewissermaßen ein Satz auf drei Ebenen – eine vielschichtige Kommunikation, die bei Männern selten zu beobachten ist (bei Frauen eher die Untergrenze). Da es in der mathematischen Notation auch „Rangebenen" gibt, schaffen Klammern Klarheit. Eine dieser Rangebenen ist die Regel „Punktrechnung geht vor Strichrechnung", also haben Multiplikation und Division (‚·‘ und ‚:‘) Vorrang vor Addition und Subtraktion (‚+‘ und ‚−‘). Die Ausdrücke $a \cdot b + c$ und $a \cdot (b + c)$ sind verschieden, denn $2 \cdot 3 + 4 = 10$ und $2 \cdot (3 + 4) = 14$. Klammern ändern also die Rangordnung in Formeln – aber das wissen Sie ja noch aus Ihrer Schulzeit.

So ergibt es sich nun, dass in der Zinsrechnung Fallen lauern. Eine jährliche Inflationsrate von 3 % ergibt nach 20 Jahren nicht eine Preissteigerung von 60 %. Denn im ersten Jahr kostet ein Apfel 1 €, im zweiten 1,03 €, 3 % mehr. Im dritten Jahr werden die 3 % aber auf 1,03 aufgeschlagen: 3 % von 1,03 sind 0,0309, also kostet der Apfel 1,0609 €. Nun, da wird der Händler großzügig runden. Rechnet man aber diese „Verzinsung" konsequent weiter, so ergibt sich im 20. Jahr eine Preissteigerung von 75,3506 % gegenüber dem ersten Jahr. Das wollen wir uns genauer anschauen.

5.1   Zinsen *ad absurdum* getrieben?

Hoher Besuch war angesagt – eine Delegation eines benachbarten und befreundeten Stammes. Eddis Ruf hatte sich schnell verbreitet, denn er hielt inzwischen Vorträge über „Wirtschaft" (so hatte Siggi den Umgang mit Waren und Geld genannt). Die Abgesandten wurden von einer Formation von Stammeskriegern als „Ehrengarde" empfangen. Das war so üblich und hatte eine vielfältige Bedeutung. Diese „Ehrenbezeigung" symbolisiert: Wir empfangen euch als Gäste, aber lasst die Pfoten von unseren Frauen und unserem sonstigen Besitz. Es war auch eine Verhaltensweise ähnlich der von Tieren, nämlich Anspruch auf ein Territorium und Imponiergehabe. Denn Mitglieder eines befreundetes Stammes überschreiten ja eine Grenze, und dem scheinbaren „Eindringling" wird durch die Parade die Wehrhaftigkeit in Form eines verhaltenen Imponiergehabes demonstriert. So, wie man beim Erstkontakt mit einem Fremden lächelt und ihm einerseits eine freundliche Gesinnung vermittelt, gleichzeitig aber er die Bereitschaft zur Verteidigung signalisiert: Man zeigt seine Eckzähne. Also ein symbolisches „Wir sind stark und beschützen euch, aber wir können auch anders!" Zusätzlich wird der Besuch den wachhabenden Kriegern vorgestellt, damit sie ihn kennen lernen und wissen, wen sie beschützen und im Notfall auch zu verteidigen haben.[4] Aber wir schweifen ab.

Eddi hielt seinen „Standardvortrag" über Geld und Zinsen und erregte großes Interesse. Nur gegen Ende wurde er durch eine Zwischenfrage etwas aus der Bahn geworfen. Offensichtlich ein vermögender Mann, der an dem Prinzip des gebührenpflichtigen Geldverleihs Gefallen gefunden zu haben schien. Die Zinseszins-Formel hätte er ja nun verstanden, aber: „Warum werden die Zinsen pro *Jahr* berechnet? Ich weiß doch gar nicht, ob mein Schuldner dann noch *da* ist! Es ist doch dasselbe, wenn ich ihm monatlich die Zinsen aufschlage – natürlich nur ein Zwölftel des Jahressatzes". Eddi nickte, hatte aber ein mulmiges Gefühl, deswegen versuchte er, den Fragesteller mit einer scheinbar abstrusen Gegenfrage von seiner Idee abzubringen: „Auch innerhalb eines Monats kann er ja verschwinden, ohne dass du es merkst. Warum nicht gleich täglich ein Dreihundertfünfundsechzigstel der Zinsen aufschlagen?!"

Er hatte sich doppelt getäuscht. Einerseits schreckte dieser Vorschlag den anderen nicht etwa ab, sondern fand seine volle Zustimmung: „Ja, genau! Ein Baum wächst ja auch nicht sprunghaft einmal im Jahr um ein Stück, sondern täglich um kleine Stückchen."

Andererseits waren beide Wirtschaftsexperten hier auf dem Holzweg (wir sparen uns hier polemische Bemerkungen über die mathematischen Fähigkeiten mancher Berufzweige), denn beide Berechnungsweisen sind absolut nicht gleichwertig. Das werden Sie sofort nachvollziehen können.

Die Zinseszins-Formel haben wir in allgemeiner Form noch nicht explizit hingeschrieben, sondern nur aus Eddis Überlegungen abgeleitet. Sie besagt, dass das Kapital K_n (oder die Schulden) nach n Jahren gleich ist dem Anfangskapital K_0 multipliziert mit einem Ausdruck aus jährlichem Zinssatz i und der Anzahl n der Jahre: $K_n = K_0 (1+i)^n$. Der Vorschlag des „Kredithaies" läuft dann auf $K_0 (1+i/12)^{12n}$ für n Monate hinaus. Sind beide Ausdrücke identisch? Lassen wir die mathematische Beweisführung einmal beiseite und betrachten wir ein Beispiel (im Gegensatz

---

[4] Quelle: Kommentare zu „Leser fragen: Was soll das Militär beim Staatsbesuch?" DIE ZEIT 18.5.2010 (http://blog.zeit.de/zeit-der-leser/2010/05/18/leser-fragen-was-soll-das-militar-beim-staatsbesuch/).

zum täglichen Leben wird eine Behauptung durch ein Beispiel nicht bewiesen, aber durch ein *Gegen*beispiel widerlegt!). Setzen wir $K_0 = 1$ und $i = 10\,\%$. Dann ist nach einem Jahr $K_1 = 1 \cdot (1 + 0{,}1)^1$, also das 1,1-fache. Vereinfachen wir es noch einmal auf eine halbjährliche Verzinsung: Dann ist in einem Jahr $K_1 = 1 \cdot (1 + 0{,}1/2)^2$, also $(1 + 0{,}05) \cdot (1 + 0{,}05)$… und Ihr Taschenrechner sagt Ihnen, dass das 1,1025 statt 1,1000 ergibt. Bei monatlicher Verzinsung, also $(1 + 0{,}1/12)^{12}$, wären wir schon bei 1,1047 gelandet. Ende der guten Idee mit den Wucherzinsen!

Zum letzten Wort fällt uns etwas Neues ein: Setzen wir die Zinsen doch einmal auf 100 %, also eine Verdopplung des Kapitals (für Optimisten) oder der Schulden (für Pessimisten) in einem Jahr. Die Formel wird dann zu dem einfachen Ausdruck $K_1 = (1 + 1/m)^m$ für den Bestand nach einem Jahr, wenn man es in m Teilen verzinst. Also ist bei jährlichem Zuschlag $K_1 = 1 \cdot (1 + 1)^1 = 2$, bei halbjährlichem Zuschlag $K_1 = 1 \cdot (1 + 1/2)^2 = 2{,}25$ und bei täglicher Verzinsung $K_1 = 1 \cdot (1 + 1/365)^{365} = 2{,}7145\,67482$. Nun könnte man übermütig werden (wenn man es bei einer Potenzierung mit 365 nicht schon war!) und stündlich, minütlich, sekündlich „verzinsen" – also ein „natürliches Wachstum" (auch „exponentielles Wachstum" genannt) erzeugen, wenn m gegen Unendlich geht. Letzteres ist mathematisch nicht ungefährlich, wie wir später noch sehen werden.

Deswegen heißt die resultierende Zahl, eine der berühmtesten Zahlen der Mathematik (die erfreulicherweise einem Grenzwert zustrebt und nicht unendlich wächst!), auch die „Zahl des natürlichen Wachstums". Besser bekannt ist sie unter dem Namen ihres Entdeckers, des Schweizer Mathematikers Leonhard Euler (1707–1783), als „Eulersche Zahl". Sie hat eine eigene Abkürzung (ähnlich π) bekommen, ein einfaches ‚e'.[5] Also e = 2,718281828459… – und sie ist eine total irre Zahl: eine irrationale reelle Zahl, also ohne jede Regelmäßigkeit und nicht als irgendein Bruch darstellbar. Sie ist auch „transzendent", weil sie nicht als Lösung einer „algebraischen" Gleichung gilt.[6] Und sie ist lang, sehr lang: hatte man 1994 bereits 10.000.000 Stellen berechnet, so hat man es heute bis auf eine Billion (eine Million Millionen = 10^{12}) Stellen geschafft. Und noch ist kein Ende abzusehen. Wenn Sie glauben, das sei nur eine mathematische Spielerei, dann sollten Sie noch etwas warten. Sie werden sehen, dass es eine der zentralen mathematischen Größen ist.

Eine letzte Bemerkung: Vielleicht haben Sie eine Kleinigkeit übersehen, ein tiefgestelltes Zeichen wie z. B. in K_1 oder K_n. Das benutzen die Mathematiker gerne, um mehrere Versionen oder Generationen derselben Größe zu bezeichnen.

---

[5] Da dies keine mathematische Variable ist, sondern eine Konstante, wird sie nicht kursiv geschrieben.

[6] Eine „algebraische" Gleichung besteht nur aus Gliedern in Potenzschreibweise mit ganzzahligen Koeffizienten: $a_0 x^0 + a_1 x^1 + \ldots + a_n x^n = 0$, $a_i = ganzzahlig$. Denn sonst wäre $x - e = 0$ eine algebraische Gleichung, und somit e algebraisch (und das ist nicht der Fall).

Gleichungen und ihre Manipulation

„Gleichungen sind so ziemlich das Langweiligste, was man sich vorstellen kann", meinte Rudi Radlos, „Sieben minus vier ist gleich drei. Na und?! Wo ist das Fleisch?"[1] „Dagegen kann man nichts sagen", gab Eddi kleinlaut zu. „Dagegen kann man eine Menge sagen", ertönte eine wohlklingende Stimme aus dem Hintergrund und Willa trat näher. „Ihr irrt euch gewaltig, Jungs! Spannend wird es, wenn eine Gleichung eine unbekannte Größe enthält. Nennen wir sie ‚x' wie ‚weiß nix'. Wenn wir eine Gleichung haben, in der ein x auftaucht, dann können wir es isolieren – also auf eine Seite alleine stellen – und so seinen Wert bestimmen. Genauer gesagt: bei linearen Gleichung der Form $a \cdot x + b = 0$."

6.1 Die Suche nach dem großen Unbekannten

„Aha", sagte Rudi, „und wenn wir zwei Unbekannte haben?" „Dann braucht ihr zwei Gleichungen. Aus der einen bestimmt ihr die eine Unbekannte, sagen wir ‚y', die ihr in die andere einsetzt. Das kann ja nicht so schwer sein. Am Besten, ihr übt das jetzt mal ein wenig!" Und weg war sie.

Das mussten sie natürlich sofort ausprobieren. „Ich denke mir einfach mal zwei Gleichungen aus, ein System zweier linearer Gleichungen mit zwei Unbekannten. Die wollen wir dann gleich lösen, also die Werte für x und y bestimmen, die die beiden Gleichungen erfüllen", sagte Eddi und griff sich einen Stock, um auf die Erde zu malen (Abb. 6.1).

Eddi begann: „Also, die ersten beiden Zeilen sind unsere Testkandidaten. In der dritten Zeile nehme ich die zweite Gleichung und ziehe auf beiden Seiten x ab.

---

[1] Dieser Spruch aus der Steinzeit wurde fast 10.000 Jahre später als Werbespruch für eine Hamburger-Kette verarbeitet. Er bedeutet: Wo ist das Wichtige? Quelle: http://de.wikipedia.org/wiki/Where,s_the_beef und Original-Spot auf http://www.youtube.com/watch?v=Ug75diEyiA0.

J. Beetz, *Algebra für Höhlenmenschen und andere Anfänger,* essentials, DOI 10.1007/978-3-658-05574-5_6, © Springer Fachmedien Wiesbaden 2014

Abb. 6.1 2 Gleichungen mit 2
Unbekannten

① x − y = 7
② x + 2y = 22

③ 2y = 22 − x ⇒ y = (22 − x)/2
④ x − (22 − x)/2 = x − 11 + x/2 = 7
⑤ 3x/2 = 18 ⇒ x = 2 · 18/3
⑥ x = 12 und y = 5

Dann habe ich 2y isoliert und teile beide Seiten durch zwei. Dann steht y alleine
da." Rudi fuhr begeistert fort: „In der vierten Zeile haben wir das y in die erste
Gleichung eingesetzt. Da minus mal minus plus ergibt, kommt zu den negativen 22
Halben aber ein halbes x hinzu und das soll sieben ergeben. Also ist in Zeile 5 drei
halbe x gleich 18 oder x gleich 18 mal zwei Drittel." Die Zeile 6 sagten sie beide im
Chor auf: „x ist zwölf und y ist fünf." Zum Schluss kommentierte Rudi: „Wenn wir
fünf Unbekannte gehabt hätten, dann hätten wir fünf Gleichungen gebraucht und
ein bisschen mehr Arbeit gehabt. Aber das Prinzip ist immer dasselbe. Das war ja
nun wirklich kein Hexenwerk. Willa soll mal nicht so auf den Putz hauen!" Eddi
schwieg dazu.[2]

6.2 Gleiche Manipulation auf beiden Seiten

Am nächsten Tag hatte Rudi für Eddi eine Waage gebaut, ein überaus nützliches
Gerät. Sie war praktisch ein Abbild des langen Gleichheitszeichens, das er so dra-
matisch verkürzt hatte. Legte man vier gleiche Steine auf eine Seite und einen Käse
auf die andere, so sah man sofort, dass beides dasselbe Gewicht hatte. Mit seinen
Rechenkünsten konnte Eddi ihm vorhersagen, dass drei Käse dann zwölf Steine
wiegen würden.

Die Idee mit den Stones als „Geldstücke" hatte Rudi sofort aufgegriffen und
vorgeschlagen, auch die Gewichtssteine so zu stückeln: 1, 2, 5, 10, 20, 50 usw. −

---

[2] Rudis Aussage gilt nicht für alle Gleichungssysteme (z. B. nicht für nichtlineare Gleichungen). Schweigt Eddi deswegen? Hier wurden implizit die folgenden Annahmen gemacht: i)
Jedes System von n Gleichungen in n Unbekannten lässt sich mit der von Eddi beschriebenen
Methode lösen. ii) Ein System von n Gleichungen in n Unbekannten hat genau eine Lösung. Beide Annahmen sind im Allgemeinen falsch. Annahme i) ist schon für eine Gleichung
mit einer Unbekannten falsch, denn z. B. lässt sich $x \cdot e^x = 1$ nicht mit der Eddi-Methode
lösen. Annahme ii) ist selbst für Systeme linearer Gleichungen falsch. Z. B. hat das lineare
System x + y = 0 und x + y = 1 natürlich keine Lösung. Dagegen hat das System x − y = 0 und
2x − 2y = 0 unendlich viele Lösungen, nämlich alle Paare (x, y) der Form x = a, y = a, wobei a
eine beliebige reelle Zahl ist. Der Theorie der Lösungen linearer Gleichungssysteme widmet
sich übrigens die „Lineare Algebra".

Abb. 6.2 Das Wesen der
Gleichung

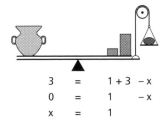

$$3 = 1 + 3 - x$$
$$0 = 1 \quad - x$$
$$x = 1$$

nicht ahnend, dass es ihn Tage kosten würde, sie im Umland aufzusammeln. Die Sammlung von „Gewichtstücken", die er dann zusammen hatte, hütete er sorgfältig (Archäologen fanden sie in neuerer Zeit als Grabbeigabe). Analog zu „Stone" für das kleinste Geldstück schlug er „Kilo" für das kleinste Gewichtstück vor (in ihrer Sprache bedeutete das „dicker schwarzer Stein vom Fluss"). Eine hübsche Idee, fand Eddi und war etwas neidisch, denn „Stone" hieß einfach nur „flache Maus".[3] „Die Waage ist das Symbol der Gleichung", erklärte Eddi, „und die Gleichung ist die Urmutter der Mathematik. Sie kommt in zwei Erscheinungsformen. Es gibt nicht nur eine Aussage über die Gleichheit von zwei Dingen, sondern auch eine Gleich*setzung.*" „Identitätsgleichung und Bestimmungsgleichung", murmelte Siggi unbeachtet im Hintergrund. Wir stimmen ihm zu: ‚$x^2 = 9$' ist eine wahre Aussage und damit eine Identität, wenn ‚$x = 3$' wahr ist, aber man kann auch – etwa am Anfang einer Beweisführung – bestimmen, dass x gleich 3 sein soll.

Eddi fuhr fort: „Man kann beide Seiten verändern, muss das aber in gleicher Art und Weise tun: etwas addieren oder subtrahieren, mit etwas multiplizieren, durch etwas teilen. Auf beiden Seiten. Immer, ohne Ausnahme! Wenn du ein Gefäß hast, das drei Kilo wiegt, dann musst du auch rechts drei Kilo hinlegen" (Abb. 6.2).

Dann erklärte er Rudi, dass man ein weiteres Kilo auf einer Seite hinzufügen könne, wenn man es mit seiner sinnreichen Seilrolle gleich wieder zum Abzug brächte, indem man mit einem Klumpen vorerst unbekannten Gewichts den rechten Arm der Waage nach oben zöge. Rudi murrte und murmelte etwas von „Hebelgesetzen", denn das Einer-Kilo auf der rechten Seite läge ja weiter innen. „Bravo!", kommentierte Siggi und verwies auf einen gewissen Archimedes.[4] Eddi ließ sich nicht beirren und erklärte, wie die „3" auf beiden Seiten weggestrichen werden könnte und die letzte Zeile durch die Addition von „x" entstünde. „Auf beiden Seiten!", wiederholte er mahnend. „Dann heben sich x und -x auf und links ersetzt

---

[3] So entstand die noch heute übliche Bezeichnung: „Gib mir mal fünf Mäuse!"
[4] Der Grieche Archimedes (287 – 212 v. Chr.) formulierte als Erster die Hebelgesetze. Siehe http://de.wikipedia.org/wiki/Hebelgesetze und http://de.wikipedia.org/wiki/Archimedes.

Abb. 6.3 Wilhelmine
Wicca, die Hexe, beweist:
$2 = 1$

Gleichung	Aktionen (links und rechts)
① $x = y$	$\cdot\, x$
② $x^2 = xy$	$-\, y^2$
③ $x^2 - y^2 = xy - y^2$	faktorisieren
④ $(x + y)(x - y) = y(x - y)$	kürzen bzw. dividieren
⑤ $x + y = y$	$x \rightarrow y$ (wg. ①)
⑥ $2y = y$	dividieren durch y
⑦ $2 = 1$	☹

das x die Null. Übrigens: *Jede* Gleichung lässt sich so umformen, dass auf einer Seite
eine Null steht."[5] „Wie gut, dass es sie gibt!", kommentierte Rudi.

„Ja", sagte Eddi, „Ist die Aussage einer Gleichung korrekt, ist sie unzerstörbar –
man kann mit einer Gleichung alles tun, Hauptsache, man macht es auf *beiden*
Seiten!"

„*Fast* alles!", sagte eine sanfte Stimme und beide fuhren herum. Willa war zu ihnen getreten und Eddi atmete schneller. Er liebte Willa. Sie war schön, anmutig und
klug. Willa wusste, dass Eddi sie liebte. Und Eddi wusste, dass Willa wusste, dass er
sie liebte. Aber er wusste nicht, ob *sie* ihn liebte, und auch das wusste sie. Und das
war es dann auch schon, denn sie war die Frau des Stammeshäuptlings und damit
war das Thema beendet.

Aber nun musste er widersprechen, denn diese Behauptung zerrte an seinen
Grundfesten. „Ich weiß: Eine starke Behauptung ist besser als ein schwacher Beweis, aber das gilt nicht in der Mathematik. Also zeig uns ein Beispiel!"

Sie fing an, in den Sand zu schreiben (Abb. 6.3): „Ich setze x gleich y, eine An-
nahme für meine Beweisführung. Dann multipliziere ich die Gleichung auf beiden
Seiten mit x. Das ergibt $x^2 = xy$. Nun ziehe ich auf beiden Seiten y^2 ab und bekomme
$x^2 - y^2 = xy - y^2$. Könnt Ihr mir folgen?"

„Ist ja kein Hexenwerk!", antwortete Eddi.

„Freut mich, das zu hören!", fuhr Willa fort. „Nun wisst Ihr ja, dass $x^2 - y^2$ nichts
anderes ist als $(x + y) \cdot (x - y)$ und dass ich auf der rechten Seite ein y ausfaktorisie-
ren kann, also $y \cdot (x - y)$ erhalte. Da nun rechts und links $(x - y)$ steht, kann ich das
‚kürzen' oder beide Seiten dadurch dividieren. Weg ist der Klammerausdruck und
es bleibt $x + y = y$ stehen. Nach meiner ersten Annahme ist aber $x = y$, also tausche
ich das x aus und bekomme $y + y = y$, also $2y = y$. Jetzt dividiere ich auf beiden Seiten
durch *y*, das dadurch links die zwei und rechts die eins ergibt. Also gilt ‚2 = 1' und

---

[5] Aber das hilft unter Umständen nicht viel, z. B. lässt sich $x^x = 2$ umformen auf $x^x - 2 = 0$, aber
der Lösung kommen wir deswegen nicht näher.

du siehst so aus…" Und schon hatte sie, wie in Abb. 6.3 zu sehen, Eddi mit ein paar Strichen portraitiert.[6]

„Ich sag's ja, du bist eine Hexe! Jetzt nimm deinen Besen und reite vom Hof!", sagte Eddi und Willa lachte. Denn, wie gesagt, sie wusste, dass er sie liebte. Sie ließ ihre Augen funkeln und verabschiedete sich mit einem spöttischen „Nun seid Ihr dran!"

6.3 Die Lösung des Hexen-Einmal-Eins

„Wie hat sie das gemacht?", fragte Rudi und machte seinem Nachnamen alle Ehre. Mehrmals vollzogen sie alle Schritte Wilhelmines nach und konnten keinen formalen Fehler entdecken. „Sie spielt mit uns", sagte Eddi resigniert, „Lieber eine schlaue Lüge als eine dumme Wahrheit …? Das darf nicht sein!" „Du kannst nicht in Schritt 5 deine unbewiesene Annahme verwenden", schlug Rudi vor. „Warum nicht, es ist ja keine, sondern eine einfache Aussage über die Gleichheit zweier Größen …"

„Gehen wir das Ganze noch einmal durch!", sagte Eddi und fuhr fort: „Schritt 2 und 3 sind ja selbstverständlich: Ich kann auf beiden Seiten einer Gleichung machen, was ich will. Also mit x multiplizieren und y^2 abziehen. Aber *ist* denn $x^2 - y^2$ gleich $(x + y) \cdot (x - y)$?" Rudi hatte eine Antwort: „Aber ja doch, ich weiß auch schon, wie ich es dir beweisen kann. Dann muss Gleichung 4 in Ordnung sein und ich kann beide Seiten durch $(x - y)$ dividieren, wodurch $(x-y)/(x-y)$ zu 1 wird und weggelassen werden kann. Aber $x + y = y$ in Zeile 5 sieht schon sehr doof aus, besonders wenn ich es mit Zeile 1 vergleiche."

Eddi steckte den Finger in das Nasenloch und schloss die Augen. Minuten vergingen. Dann sagte er das Wort, bei dem die Mütter ihren Kindern immer die Ohren zuhielten, und erläuterte: „Wenn $x = y$ ist, dann ist $x - y = 0$. Dann lautet Gleichung 3 schon $0 = 0$, was nicht gut gehen wird. Und dann haben wir in Schritt 4 durch Null dividiert. Aber die Division durch null ist nicht definiert.[7] Denn gäbe es zu einer gegebenen Zahl a ungleich 0 eine Zahl $x = a/0$, so wäre diese Zahl die Lösung der Gleichung $a = x \cdot 0 = 0$, womit sich ein Widerspruch zur Voraussetzung a ungleich 0 ergeben würde, d. h. es gibt keine Lösung für x. Beweis durch Widerspruch, ein klassisches mathematisches Verfahren."

Siggis fröhliche Stimme war zu hören: „Das ist das Hexen-Einmal-Eins!"[8]

---

[6] Das Beispiel stammt aus Hesse (2010), S. 17.

[7] Siehe http://de.wikipedia.org/wiki/Division_(Mathematik)#Division_durch_null (2 Sätze wörtlich zitiert).

[8] In „Faust. Eine Tragödie" von Johann Wolfgang von Goethe (1808), Aufzug „Hexenküche", Zeile 2552.

6.4 Rechnen mit dem Dreisatz

Eddi musste Rudi noch auf einen praktischen Aspekt aufmerksam machen: „Eine einfache Anwendung der Rechenregeln für lineare Gleichungen ist der Dreisatz." Das kommentierte Rudi eher negativ: „Sport interessiert mich nicht so sehr!" Eddi hatte sich inzwischen die männliche Ausdrucksweise dieses Stammes angewöhnt: „Du Ochse! Ich rede vom Drei*satz*, nicht vom Drei*sprung*! Er ist eine Verhältnisrechnung, an der schon viele einfache Bauern hier gescheitert sind. Wenn vier Ziegen in einer Woche neun Ballen Gras fressen, wie viel Ballen Gras brauchen dann zehn Ziegen in dieser Zeit?"

Rudi war nicht beleidigt: „Man muss natürlich erst einmal feststellen, dass Ziegenzahl und Futterverbrauch miteinander in einem direkten Verhältnis stehen.[9] Anders als bei den schwangeren Frauen: zwei schaffen es *nicht* in der halben Zeit." Eddi lächelte höflich über diesen Kalauer und erläuterte: „Vier Ziegen zu neun Ballen Gras verhält sich wie zehn Ziegen zu x Ballen."

Das kann man auch als Gleichung schreiben, also als $4 : 9 = 10 : x$. Jetzt multiplizieren wir beide Seiten mit x und erhalten: $x \cdot 4/9 = 10$, denn $x/x = 1$ und $10/1 = 10$, um es einmal sehr deutlich vorzuführen. Nach der gleichen Logik multiplizieren wir beide Seiten mit 9/4 und bekommen $x = 10 \cdot 9/4 = 22{,}5$.

„Das hätte auch ein einfaches Bäuerlein gekonnt", sagte Rudi, „denn jede Ziege frisst in der Woche neun Viertel, also 2,25 Ballen – zehn von ihnen also 22,5." Eddi grinste: „Kaum hast du es verstanden, schon machst du es richtig!"

So erschloss sich den beiden „Wissenschaftlern" auf einfache, praktische und doch spannende Art und Weise das Fundament der Mathematik: die Gleichung zur wertmäßigen Bestimmung von unbekannten Größen.

---

[9] Siggi hätte die moderne Sprechweise verwendet: Sie sind zueinander *proportional*.

„Es gibt also in der ach so exakten Mathematik mindestens einen schwachen Punkt", meinte Rudi. „So würde ich das nicht sagen, im Gegenteil: Denkt man logisch und sauber zu Ende, dann muss es so sein, wie es ist", entgegnete Eddi. „Die Null vernichtet alles", behauptete Rudi, „0 mal irgendwas ergibt 0. Irgendwas hoch null ergibt 1– das »irgendwas« ist weg, irgendwie! 1^0 und 100^0 sind dasselbe, und auch $3,17^0$ und 5.376^0… komisch, nicht wahr?! Null hoch irgendwas ist auch null, und null hoch null ist genauso unsinnig wie null dividiert durch null."[1] „Sei nicht so pessimistisch: irgendwas plus oder minus 0 ist dasselbe irgendwas." „Trotzdem", beharre Rudi, „das mit der Null und ihrer Sonderstellung ist irgendwie verwirrend."

„Irgendwie, irgendwas, irgendwo…", ließ sich eine weiche Stimme vernehmen. Willa war zu ihnen getreten. „Redet nicht so unpräzise daher… und stellt euch nicht so an! Es gibt noch eine härtere Nuss bei den Zahlen – denkt doch einmal *darüber* nach!" „Und die wäre?", fragte Rudi neugierig. „Das muss ich euch doch nicht *sagen*, Leute!" Sie lächelte maliziös. „Ihr tut doch sonst so schlau! Da kommt ihr selbst drauf. Dann habt ihr einen zweiten, scheinbar noch schwächeren Punkt entdeckt. Ich gebe euch einen kleinen Tipp: Teilt doch mal eins durch null!" Und mit einem hellen Lachen, das den beiden etwas irre vorkam, war sie weg. Zurück ließ sie eine aus Gras geflochtene „8", mit der sie die ganze Zeit gespielt hatte.

„Die ist ja lustig!", knurrte Rudi, „Ich habe mal gehört, das ist verboten." „Stimmt", sagte Eddi, „aber lass es uns trotzdem einmal versuchen. Wir tasten uns einfach einmal heran und nehmen statt der Null eine kleine Zahl… sagen wir: ein Tausendstel." „Das ist einfach", sagte Rudi, „$1/^1/_{1000}$ ist ja 1000. So wie eins durch ein Millionstel eine Million ist." „Wenn wir das weitertreiben, sollten wir Zehnerpotenzen zu Hilfe nehmen, dann wird es übersichtlicher. Dein Beispiel ist ja dasselbe wie

---

[1] Es macht aber Sinn $0^0 = 1$ zu setzen, denn man kann zeigen, dass der Grenzwert von $x^x = 1$ ist, wenn x gegen 0 geht. Das sieht man auch, wenn man sich den Graphen der Funktion $y = x^x$ zeichnet.

J. Beetz, *Algebra für Höhlenmenschen und andere Anfänger*, essentials,
DOI 10.1007/978-3-658-05574-5_7, © Springer Fachmedien Wiesbaden 2014

$1/10^{-6}$, also 10^6. Dann nehmen wir doch gleich $1/10^{-600}$, also schon fast $1/0$, denn 10^{-600} ist ja schon sauklein. Das ergibt 10^{600}, irrsinnig groß. Jetzt sehe ich, was sie gemeint hat: $1/0$ ist unendlich groß." „Das sehe ich auch so… »unendlich« ist uns ja inzwischen so oft über den Weg gelaufen, dass wir für diese magische Größe ein neues Symbol erfinden sollten." Eddis Blick fiel auf die Grasschleife, die Willa vergessen hatte, und sie kam ihm vor wie eine Botschaft aus der Zukunft. Da die senkrecht stehende 8 schon zwischen 7 und 9 angesiedelt war, beschloss er, sie neu anzuordnen und neu zu interpretieren.

So wurde das Zeichen ∞ für „unendlich" geschaffen – die liegende 8.

So ist das Konzept der „0" nicht nur genial, sondern auch tückisch. Genie und Wahnsinn liegen eben oft nahe beieinander! Nachdem Eddi und Rudi sie entdeckt hatten, dauerte es Tausende von Jahren, bevor sie in Indien in einem Vishnu-Tempel wieder auftauchte.

Auch die 1 ist in gewissem Sinne *einzigartig*: $a \cdot 1 = a/1 = a^1 = a$. In viele Disziplinen ist die 1 hervorgehoben, Mathematiker freuen sich über „eine und nur eine" Lösung, Philosophen schätzen eine eindeutige Formulierung, Juristen suchen *einen* Verantwortlichen (z. B. macht die Jagd nach dem einen von möglichen vielen Fahrern eines Kfz. oft zu viel Arbeit, deswegen wird der [eine] Halter herangezogen).

Es gibt aber nicht nur arithmetische, sondern auch logische Unendlichkeiten. Das ergab sich zufällig aus einer der üblichen Schmeicheleien unter Freunden, als Rudi zu Eddi sagte: „Du bist doof!" Anstatt angemessen grob zu reagieren, bestätigte Eddi dies: „Nehmen wir an, diese Aussage A sei wahr. Dann ist »A ist wahr« eine wahre Aussage B. Wiederum ist dann ist »B ist wahr« eine wahre Aussage C. Das können wir fortsetzen, bis der Schamane kommt … Ebenso könnte ich auch mit »A ist falsch« beginnen, was eher den Tatsachen entspricht. Auch dies wäre eine wahre Aussage B und wir würden zur selben unendlichen Kette kommen." „Das ist wahr", sagte Rudi, „aber mit Aussagen, die sich auf sich selbst beziehen, ist das immer so eine Sache." „Auch das ist wahr", sagte Eddi und beschloss, das Spiel nicht noch einmal von vorn zu beginnen.

7.1 Rudis Gästehütte

Ein paradoxes Spiel mit der Unendlichkeit ist als „Hilberts Hotel" bekannt, benannt nach dem deutschen Mathematiker David Hilbert, einem der bedeutendsten Denker der Neuzeit.

Natürlich können wir auch das wieder in die Steinzeit verlegen, denn im Dorf gab es eigens eine Hütte für Gäste, die nur zu ihrer Beherbergung diente. Gelegentlich kam es natürlich vor, dass sie voll war. Schließlich hatte sie nur endlich viele Schlafstellen.

„Wenn sie nun *un*endlich viele Schlafstellen hätte", wollte Rudi wissen, „dann könnten wir doch unendlich viele Besucher beherbergen, oder?" „Natürlich", sagte Eddi, „Aber *wenn* wir unendlich viele Gäste hätten, dann wären die unendlich vielen Schlafstellen auch vollständig verteilt und kein weiterer Gast könnte aufgenommen werden." „Hoppla!", sagte Rudi, „ich sehe eine Lösung. Wenn ein weiterer Besucher kommt, dann wechselt der Gast von Bett 1 in Bett 2, der Gast von Bett 2 schläft in Bett 3, der von Bett 3 in Bett 4 und so weiter. Also wird Bett 1 für den neuen Gast frei. Da die Anzahl der Betten unendlich ist, gibt es keinen »letzten« Gast, der nicht in ein weiteres Bett umziehen könnte." „Du bist ein Spaßvogel!", sagte Eddi. Rudi war aber noch nicht fertig: „Das ist noch *gar* nichts! Es ist sogar möglich, Platz für *unendlich* viele neue Gäste zu machen: Der Gast von Bett 1 schläft wie vorher in Bett 2, der Gast von Bett 2 aber in Bett 4, der von Bett 3 in Bett 6 usw. Damit werden alle Betten mit ungerader Nummer frei. Da die Menge der ungeraden Zahlen unendlich groß ist, können wir unendlich viele Neuankömmlinge beherbergen."[2] „Na klar!", sagte Eddi, „Du glaubst, du kannst mir was erzählen. Unendlich ist aber keine feste Größe, man kann mit ihr nicht in Gleichungen rechnen wie mit Größen wie a, b oder c. Jeder Versuch, hier mit deiner merkwürdigen »Logik« sinnvolle Aussagen zu konstruieren, ist zum Scheitern verurteilt."

Recht hat er. Die Gleichung $a = 1/b$ kann durch Multiplikation beider Seiten mit b in $ab = 1$ umgebaut werden. Die zutreffende Aussage $0 = 1/\infty$ erlaubt dieses Spielchen nicht, so wenig wie $17/\infty = 0$. Würde man beide Seiten mit ∞ multiplizieren, ergäbe das $0 \cdot \infty = 1$ oder $= 17$ oder was auch immer. Aber ∞ ist eben keine reelle Zahl, sonst könnte man ja auch den Hokuspokus mit $512 + \infty = \infty$ treiben, ∞ auf beiden Seiten subtrahieren und 512 (oder welche Zahl auch immer) gleich null erhalten. Also: Finger weg von dem Jonglieren mit ∞ – so wie von der Division durch 0. Denn die führt ja direkt in die Unendlichkeit. Und der „Kampf der Giganten" in der Form $0 \cdot \infty$, der führt zu nichts. Ist 0 stärker oder ∞? Es gibt keinen Sieger. Selbst wenn man die Null in eine „starke" Position wie den Exponenten manövriert… ∞^0 bleibt ein undefinierter, also „verbotener" Ausdruck.

Bei der Analyse des Unendlichen können Erscheinungen auftreten, die im Endlichen dem gesunden Menschenverstand (der ja auch nur endlich ist!) widersprechen. Rudis Gästehütte ist nur ein Beispiel dafür. Mit ∞ ist nicht zu spaßen. Das kann man durchaus philosophisch verstehen. So gibt es, wie Sie gesehen haben, unendlich viele natürliche Zahlen $\mathbb{N}$ und man kann sie sogar abzählen, also jeder von ihr eine Nummer geben. Aber zwischen jedes ihrer Paare, ob 0 und 1 oder 17 und 18, passen unendlich viele reelle Zahlen $\mathbb{R}$ – und die kann man nicht mehr durchnummerieren. „Überabzählbar unendlich" nennt man das.

---

[2] Quelle (teilweise sinngemäß zitiert): http://de.wikipedia.org/wiki/ Hilberts_Hotel.

Zusammenfassung: dieses Essential in Kürze 8

Abstraktes Denken ist die Stärke des Menschen, unsere „evolutionäre Nische". Einige Tiere können das im Ansatz auch, aber Sprache, Logik und Mathematik sind unsere Domäne.

So bilden wir abstrakte Klassen: Äpfel und Birnen werden zu „Obst". Zahlen werden – ungeachtet dessen, *was* gezählt werden soll – zu abstrakten Objekten, deren Gesetzmäßigkeiten mit Symbolen beschrieben werden können. Ihr Anblick erschreckt uns auf den ersten Blick – hat man sich daran gewöhnt, betrachtet man sie als praktische „Kurzschrift":

$$a < b \,\&\, b < c \Rightarrow a < c$$

In Worten: Ist a kleiner als b und b kleiner als c, so folgt daraus, dass auch a kleiner ist als c. Das gilt unabhängig davon, ob die Kleinbuchstaben das Gewicht von Tieren, die Größe von Menschen oder die Entfernung zwischen Orten bezeichnen – oder einfach nur abstrakte Zahlen.

So entwickeln Zahlen ein „Eigenleben" und lassen sich – als abstrakte Objekte – wieder in Klassen einteilen, von denen wir einige kennen gelernt haben:

- die „natürlichen Zahlen" 1, 2, 3, …
- die „ganzen Zahlen" …, -3, -2, -1, 0, 1, 2, 3, …
- die „irrationalen Zahlen" wie manche Wurzeln
- die „reellen Zahlen" als Gesamtmenge aller oben angegebenen Klassen.

Zahlen sind gewissermaßen das Material der Mathematik.[1] Die grundlegende Operation mit Zahlen ist der Vergleich, die Betrachtung der Verhältnisse und Beziehungen. Ist $5 + 3 = 8$? Ist $a < b$ oder $c \neq d$? Daher ist die Gleichung natürlich die

---

[1] Siehe auch Frege (1986).

J. Beetz, *Algebra für Höhlenmenschen und andere Anfänger*, essentials, 47
DOI 10.1007/978-3-658-05574-5_8, © Springer Fachmedien Wiesbaden 2014

„Urmutter" aller mathematischen Operationen. Man kann sie formen und umformen, kneten und walzen, erweitern oder ausdünnen. Sie bleibt immer „dieselbe" Gleichung – vorausgesetzt, man tut es gleichmäßig auf beiden Seiten. Man muss nur ihre „Sprengfalle" vermeiden: die Division durch 0. Denn die Null und ihr Gegenstück, das Unendliche (gekennzeichnet mit ∞) siedeln an den Grenzbereichen der „ordentlichen" Mathematik und weisen manche skurrile Eigenschaften auf. Trotzdem sind sie die konsequente Fortsetzung der logischen Denkregeln. Bleibt noch zu erwähnen, dass z. B. $3 \neq 4$ mit dem intuitiv verständlichen Symbol eine „*Un*gleichung" genannt wird. Und dass es ein (angesichts der „Exaktheit" der Mathematik bemerkenswertes) „ungefähr gleich" gibt: $1 \approx 0{,}999999$. Und weitere Familienmitglieder, die schon mal kurz hereingeschaut haben: Zeichen für „kleiner als", „größer als", „kleiner oder gleich" und „größer oder gleich" ($<, >, \leq, \geq$).

Gleichungen können „Unbekannte" enthalten: Größen, die sich erst nach dem „Umgraben" de Gleichung bestimmen lassen. Wenn $1/x = 4$ ist, dann folgt daraus: $x = 0{,}25$. Tauchte eine zweite Unbekannte auf, z. B. in der Gleichung $1/x = y$, dann bräuchte man eine zweite Gleichung (z. B. $x + 2y = 3$), um aus beiden zusammen die beiden Werte x und y zu bestimmen ($x = 2$ und $y = \frac{1}{2}$).

Jetzt haben wir das einfachste Material des „Hauses der Mathematik" betrachtet – nun könnte man an seine Verwendung gehen. Ihre Geduld wird belohnt werden, denn wer ein Haus bauen will, muss sich vorher mit den Steinen beschäftigen. Wie gehen wir jetzt mit mathematischen Größen um und was entsteht daraus? Sie werden es kaum glauben: Es entstehen wahre Paläste der klaren Gedanken und Strukturen.

Doch das ist Bestandteil weiterer „Essentials".

Was Sie aus diesem Essential mitnehmen können

In dieser Einführung in die Grundlagen der Mathematik haben Sie (verpackt in Geschichten und Dialoge aus der Steinzeit)…

- die Grundlagen von Zahlen und Mengen, von Rechenoperationen und Symbolen kennen gelernt
- gelernt, mit der „Exponentendarstellung" für Wurzeln, „Potenzen" und große Zahlen umzugehen und mit Logarithmen zu arbeiten
- Aufgaben der Zins- und Prozentrechnung gelöst
- die Manipulation von linearen Gleichungen und ihre Regeln geübt
- einen Einblick in die „Extreme" der Mathematik (die Null und das Unendliche) und ihre Tücken erhalten

J. Beetz, *Algebra für Höhlenmenschen und andere Anfänger*, essentials, DOI 10.1007/978-3-658-05574-5, © Springer Fachmedien Wiesbaden 2014

Anmerkungen

Für weiterführende Informationen kann mit passenden Stichwörtern im Internet in Suchmaschinen wie *Google*®, in Ausbildungsportalen wie *Khan Academy*® oder Enzyklopädien wie *Wikipedia*® gesucht werden (aber auch z. B. in „Matroids Matheplanet" http://matheplanet.com/). In *Wikipedia* sind Begriffe oft zur Unterscheidung verschiedener Sachgebiete mit dem Zusatz „(Mathematik)" gekennzeichnet. An dieser Stelle passt auch ein Zitat über das Zitieren:

> Bei dem, was ich mir ausborge, achte man darauf, ob ich zu wählen wusste, was meinen Gedanken ins Licht rückt. Denn ich lasse andere das sagen, was ich nicht so gut zu sagen vermag, manchmal aus Schwäche meiner Sprache, manchmal aus Schwäche meines Verstandes. Ich zähle meine Anleihen nicht, ich wäge sie. Und hätte ich eine Ehre im Zitatenreichtum gesucht, so hätte ich mir zweimal soviel aufladen können.
>
> Michel de Montaigne, Essais II, 10 (Über die Bücher)

J. Beetz, *Algebra für Höhlenmenschen und andere Anfänger*, essentials,
DOI 10.1007/978-3-658-05574-5, © Springer Fachmedien Wiesbaden 2014

Literatur

Beetz J (2012) 1 + 1 = 10. Mathematik für Höhlenmenschen. Springer, Heidelberg
Frege G (1986) Die Grundlagen der Arithmetik. Eine logisch mathematische Untersuchung über den Begriff der Zahl. Reclam, Stuttgart
Hesse C (2010) Warum Mathematik glücklich macht. Beck, München, S 17
Livio M (2010) Ist Gott ein Mathematiker? Warum das Buch der Natur in der Sprache der Mathematik geschrieben ist. Beck, München
Wallace D F (2007) Die Entdeckung des Unendlichen. Georg Cantor und die Welt der Mathematik. Piper, München